石墨烯材料及其应用研究进展概述

主　编　杨永强

吉林大学出版社

·长春·

图书在版编目（CIP）数据

石墨烯材料及其应用研究进展概述／杨永强主编. --
长春：吉林大学出版社，2021.7
ISBN 978-7-5692-8344-0

Ⅰ.①石… Ⅱ.①杨… Ⅲ.①石墨-纳米材料-应用
-研究 Ⅳ.①TB383

中国版本图书馆 CIP 数据核字（2021）第 100545 号

书　　名　石墨烯材料及其应用研究进展概述
　　　　　SHIMOXI CAILIAO JI QI YINGYONG YANJIU JINZHAN GAISHU

作　　者　杨永强　主编
策划编辑　黄忠杰
责任编辑　陈　曦
责任校对　曲　楠
装帧设计　周香菊
出版发行　吉林大学出版社
社　　址　长春市人民大街 4059 号
邮政编码　130021
发行电话　0431-89580028/29/21
网　　址　http：//www.jlup.com.cn
电子邮箱　jdcbs@jlu.edu.cn
印　　刷　三美印刷科技（济南）有限公司
开　　本　787mm×1092mm　1/16
印　　张　12
字　　数　210 千字
版　　次　2021 年 7 月　第 1 版
印　　次　2021 年 7 月　第 1 次
书　　号　ISBN 978-7-5692-8344-0
定　　价　58.00 元

《石墨烯材料及其应用研究进展概述》编写人员名单

主　　编　杨永强
副主编　王勤生
编　　委　(以姓名笔画排序)
　　　　　李　洁　张　艳　冷金凤　王勤生　毕恒昌
　　　　　杨永强　张翔宇　宋淑贵　吴晓晨　王潮霞

前言
Preface

　　新一轮科技革命和产业革命正在兴起，以颠覆性技术为代表的科技突破正在改变着全球布局和产业竞争态势。石墨烯作为一种颠覆性材料和未来高科技竞争重要战略材料，人们对其技术研发突破和颠覆性应用寄予厚望。在国际视野与知识经济环境下，本书意在通过对石墨烯全球研究论文发表量以及专利申请量的概况分析，洞悉石墨烯研发与产业发展趋势，并通过第三方检验检测大数据分析以及部分应用研究领域的阐述，对当前石墨烯材料及其应用研究进展进行概述，试图为国内工作者提供一个意图了解的较为全面且浅显易懂的石墨烯世界窗口。

　　本书由杨永强担任主编。本书的第一章由江苏省特种设备安全监督检验研究院（国家石墨烯产品质量监督检验中心）的王勤生、杨永强共同编写，第二章由江苏省特种设备安全监督检验研究院（国家石墨烯产品质量监督检验中心）的杨永强编写，第三章由东南大学的宋淑贵编写，第四章由江南大学的王潮霞编写，第五章由上海工程技术大学的张艳编写，第六章由济南大学的冷金凤编写，第七章由华东师范大学的毕恒昌编写，第八章由青岛科技大学的吴晓晨编写，第九章由太原理工大学的张翔宇编写，第十章由福建省农业科学院农业工程技术研究所的李洁编写，全书由杨永强、王勤生统稿定稿。书中的部分内容引用于国内外相关书籍和网络资源，未能与相关作者联系，在此向相关作者表达诚挚的歉意和衷心的感谢。

　　本书得到了江苏省特种设备安全监督检验研究院科研项目基金（KJ（Y）2020036）支持！

由于编者水平有限，加之时间仓促，书中不当之处在所难免，敬请读者批评指正。

编者

2020 年 10 月

目录 Contents

第一章　石墨烯材料及其相关制品的知识产权发展现状 ……………………… 1

第二章　石墨烯材料及其相关制品检测大数据数据分析及标准化现状……… 7

2.1　石墨烯材料及其相关制品检测大数据数据分析 ……………… 8

2.2　石墨烯标准化现状概况 ……………………………………… 16

第三章　石墨烯材料在储能领域的研究进展 ……………………… 21

3.1　石墨烯电极 ……………………………………………… 21

3.2　石墨烯复合材料电极 …………………………………… 25

3.3　石墨烯在储能领域存在的问题 ………………………… 35

参考文献 ……………………………………………………… 35

第四章　石墨烯材料在纺织领域中的应用研究进展 ……………… 41

4.1　石墨烯功能纤维及纺织品的制备方法 ………………… 41

4.2　石墨烯功能纺织品 ……………………………………… 46

4.3　石墨烯可穿戴设备 ……………………………………… 52

4.4　结论 ……………………………………………………… 59

参考文献 ……………………………………………………… 60

第五章　石墨烯材料在电化学传感器中的应用 …………………… 66

5.1　石墨烯基电化学传感器概述 …………………………… 66

5.2　石墨烯基电化学传感器电极材料 ……………………… 67

5.3　石墨烯基电化学传感器应用 …………………………… 73

5.4　总结 ……………………………………………………… 79

  参考文献 ……………………………………………………………………… 79

第六章　石墨烯增强铝基复合材料 ……………………………………… 89
  6.1　铝合金轻量化发展背景 ………………………………………… 89
  6.2　铝合金的研究现状 ……………………………………………… 89
  6.3　石墨烯材料在铝基复合材料中的研究 ………………………… 92
  6.4　GNP/铝复合材料在其他方面应用的展望 …………………… 107
  参考文献 …………………………………………………………… 108

第七章　石墨烯材料在环境领域的应用 ……………………………… 112
  7.1　三维石墨烯的制备方法 ………………………………………… 112
  7.2　水净化与空气净化 ……………………………………………… 114
  参考文献 …………………………………………………………… 125

第八章　石墨烯材料在抗菌纳米药物中的研究进展 ………………… 131
  8.1　石墨烯材料的抗菌机制 ………………………………………… 132
  8.2　影响石墨烯材料抗菌性能的因素 …………………………… 135
  8.3　石墨烯基纳米复合材料的抗菌性能 ………………………… 138
  8.4　石墨烯基抗菌材料的应用领域 ……………………………… 141
  8.5　总结 …………………………………………………………… 142
  参考文献 …………………………………………………………… 142

第九章　石墨烯衍生物杂化水凝胶材料的制备及其光控抗菌性能研究 …… 147
  9.1　RGO/MoS$_2$/Ag$_3$PO$_4$杂化水凝胶的制备及抗菌性能研究 …… 147
  9.2　GO/RB/PVA 杂化水凝胶的制备及抗菌性能研究 ………… 156
  参考文献 …………………………………………………………… 165

第十章　石墨烯材料在农业领域的应用研究进展 …………………… 170
  10.1　石墨烯对农业种养与生产的影响 ………………………… 170
  10.2　石墨烯萃取技术用于农副产品有效成分提纯及农残检测 …… 176
  10.3　石墨烯在农业环境污染治理方面的应用 ………………… 177
  10.4　总结与展望 ………………………………………………… 179
  参考文献 …………………………………………………………… 179

第一章　石墨烯材料及其相关制品的知识产权发展现状

现代科学之前一直以为，完美二维晶体结构无法在非绝对零度下稳定存在，直到 2004 年英国曼彻斯特大学的科学家成功从石墨中将具有完美二维结构石墨烯制备了出来，打开了新的二维材料世界大门，科学界被这种神奇的二维材料石墨烯所表现出的热学、力学、电学等性能所震撼，对其关注度逐年上升，并开展了大量的理论及应用研究。下面将从石墨烯的发展历史、结构和制备技术以及应用方面对石墨烯的发展进程进行综合的梳理和介绍。

在知识经济环境下，世界各国重视运用科技的力量提升国家竞争力，发展新兴产业。在国际视野下，知识与创新的世界版图出现新格局，科技创新活动的全球分布及研发模式正在发生新变化，洞悉全球新兴科研领域的整体布局，把握世界科技发展趋势，是国家决策者、科技政策研究者及科学研究者长期关注的问题。对关键科技领域的发展态势的现状及其变化进行动态监测与跟踪，并进行客观、科学与系统的研究与剖析，可为此提供有效的支撑。

新材料产业是战略新兴产业的基础产业，石墨烯作为新材料界的璀璨明珠，具有优异的电学、热学、光学等性能，在能源、环境、电子、生物等多个领域具有良好的应用潜力，成为主导未来高科技竞争的重要战略材料，引起了全球广泛的关注。世界各国纷纷将石墨烯及其应用技术发展作为长期战略予以重点关注，相继开展了大量石墨烯研发计划和项目并进行差异化研发布局，力争占据关键科技领域的制高点，形成科技、产业和经济的国际竞争优势。

作为石墨的基本组成单元，石墨烯的概念最早出现于 1947 年，其后的 70 多年一直停留在理论研究中。自 2004 年英国科学家安德烈·海姆（Andre Geim）和康斯坦丁·诺沃肖洛夫（Konstantin Novoselov）利用微机械剥离方法首次成功地从石墨中分离出石墨烯，证实石墨烯晶体能够真正独立存在，推翻了物理学中"二维结构在非绝对零度状态无法稳定存在"的理论，并获得 2010 年诺贝尔物理学奖。

世界各国纷纷将石墨烯及其应用技术发展作为长期战略予以重点关注，尤其是美国、中国、英国、日本、德国、韩国等的大学、公共研究机构、企业等都积极投身于石墨烯材料技术的研发和商业化进程，相继开展了大量石墨烯研发计划和项目并进行差异化研发布局，力争占据关键科技领域的制高点，形成科技、产业和经济的国际竞争优势。中国政府及时在国家层面部署石墨烯研发计划和研发项目，许多地方政府还筹划建立了石墨烯产业园、石墨烯产业技术研究院等，积极支持石墨烯技术的应用研发，开发新型石墨烯产品，打造从原料、制备、产品开发到下游应用的石墨烯全产业链。

一种技术的生命周期通常由萌芽（产生）、成长（发展）、成熟、瓶颈（衰退）几个阶段构成（见表1.1）。通过分析一种技术的科技论文发表与专利申请数量的年度变化趋势，可以分析该技术处于生命周期的何种阶段，进而可为研发、生产、投资等提供决策参考。

表1.1 技术生命周期主要阶段简介

阶段	阶段名称	代表意义
第一阶段	技术萌芽	社会投入意愿低，专利申请数量与专利权人数量都很少
第二阶段	技术成长	产业技术有了一定突破或厂商对于市场价值有了认知，竞相投入发展，专利申请数量与专利权人数量呈现快速上升
第三阶段	技术成熟	厂商投资于研发的资源不再扩张，且其他厂商进入此市场意愿低，专利申请数量与专利权人数量逐渐减缓或趋于平稳
第四阶段	技术瓶颈	相关产业已过于成熟，或产业技术研发遇到瓶颈难以有新的突破，专利申请数量与专利权人数量呈现负增长

2004年，石墨烯的成功分离，尤其是2010年诺贝尔奖的获得，激发了全球范围内的石墨烯研发热潮，石墨烯研发及专利布局进入快速发展的活跃期。通过Web of Science数据库以"graphene"为主题词进行检索，可知截至2020年9月28日已发表的石墨烯研究论文共217586篇。通过incoPat专利数据库以"石墨烯"和"graphene"为关键词进行检索，截至2020年9月1日可检索到世界范围内涉及石墨烯的专利申请共76056项。

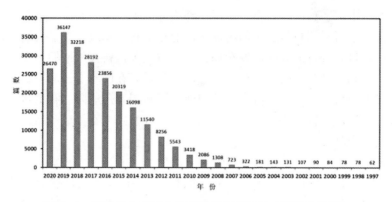

图 1.1 石墨烯全球论文发表年代分布趋势（基于发表年）

图 1.1 给出了石墨烯全球论文发表年代分布趋势（基于发表年）。从图 1.1 可以看出，石墨烯相关研究论文在 20 世纪就已出现，但发展缓慢。从 2005 年前年度发表量不超过 200 篇，从 2008 年开始年度发表量突破 1000 篇，之后进入高速增长期，2015 年开始年度发表量突破两万篇，热度至今不减。图 1.2 给出了石墨烯全球论文发表国家分布前 25 位，可以发现进行石墨烯研究的主要国家和地区前三位分别为中国、美国、韩国等；其中，中国发表数量占比高达 51% 左右，远超排名第二的美国（占比 15% 左右）和排名第三的韩国（占比 7% 左右）。这也与当前产业发展的现状相符合。可以说石墨烯虽然发现在英国，但产业在中国！这种情况的出现，与材料本身多样的性能以及国内近些年大力推进的"大众创业，万众创新"密切相关！

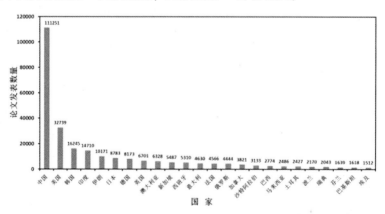

图 1.2 石墨烯全球论文发表国家分布

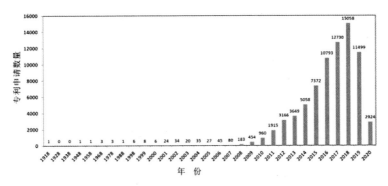

图 1.3 石墨烯专利申请数量年份分布图

图 1.3 给出了石墨烯全球专利申请年代分布趋势（基于专利申请年）。从图 1.3 可以看出，石墨烯相关专利的申请在 20 世纪就已出现，但发展极为缓慢。从 2010 年开始，专利申请数量开始持续大幅增长，热度至今不减。近两年专利文献数据不完整导致申请量下降的原因：在本次专利分析所采集的数据中，由于下列多种原因导致 2019 年后提出的专利申请的统计数量比实际的申请量要少。PCT 专利申请可能自申请日起 30 个月甚至更长时间之后才进入国家阶段，从而导致与之相对应的国家公布时间更晚；中国发明专利申请通常自申请日起 18 个月（要求提前公布的申请除外）才能被公布。从图 1.3 也可以反映出石墨烯专利申请数量年度增速也正在减缓，但年度申请总量仍然保持高位。

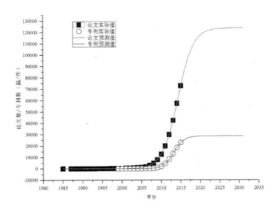

图 1.4 石墨烯相关专利和论文数量增长趋势

通过 Logistic 模型预测石墨烯相关专利和论文数量增长趋势（见图 1.4）显示，专利申请和论文发表增速最快的时期分别为 2013 年和 2014 年，专利数量和论文数量分别于 2022 年和 2025 年左右达到饱和；估计石墨烯产业化规模应用将出现在 2022 年至 2025 年之间并趋于成熟。

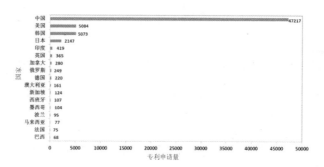

图 1.5 石墨烯全球专利申请量地域排名

图 1.5 给出了截至 2019 年 6 月石墨烯全球专利申请量排名前 20 的国家和地区，可以看到，我国目前是石墨烯领域专利申请量最多的国家，申请数量为47217 件，远远大于其他国家和地区。专利申请量排在中国后面的，分别有美国 5084 件、韩国 5073 件等。

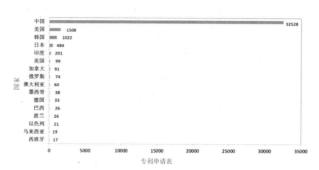

图 1.6 石墨烯全球专利近 3 年申请量地域排名

图 1.6 给出了近 3 年（"近 3 年"指的是"2016—2019 年 6 月"）石墨烯全球专利申请量排名前 20 的国家和地区，与图 1.5 相比，可以看到，近 3年石墨烯全球专利申请量排在前 10 的国家和地区基本没有发生变化，可以说明，这些国家和地区是最重视石墨烯专利技术的国家和地区，不仅是石墨烯技术的主要技术原创地，也是主要技术保护地。

从上述分析可以看出，石墨烯专利技术研发最为活跃的国家和地区包括：中国、美国、韩国、日本、欧盟等，其中，除了中国在近几年的专利申请活跃度非常高之外，通过 PCT 途径（WO）申请专利的活跃度也较高，这说明，石墨烯技术领域的申请人纷纷加强了在全球的专利申请和布局。

利用 incoPat 数据库的 3D 专利沙盘功能，对石墨烯专利技术的研究布局进行了分析。石墨烯专利的热点技术领域主要包括以下几个方面：1）石墨烯原材料制备及其相关技术；2）石墨烯在储能、复合材料、涂料、器件、生物医药等领域的应用。

为进一步了解石墨烯产业发展状况，本书在随后章节将分别从石墨烯原材料及其相关制品检验检测情况、储能、器件、防腐、复合材料、生物科技等多方面进一步阐述石墨烯产业发展状况。

第二章　石墨烯材料及其相关制品检测大数据数据分析及标准化现状

　　本章内容主要来自国家石墨烯产品质量监督检验中心（江苏）（以下简称为"国家石墨烯质检中心"）相关数据总结。国家石墨烯产品质量监督检验中心隶属于江苏省特种设备安全监督检验研究院，是经原国家质量技术监督检验检疫总局于 2016 年 3 月批准筹建，由无锡市惠山区人民政府与江苏省特种设备安全监督检验研究院合作共建。国家石墨烯质检中心于 2017 年 10 月 6 日通过资质认定和实验室认可。2018 年 3 月 14 日，国家石墨烯质检中心经原国家质检总局和国家认监委联合下文（国质检科〔2018〕81 号）批准成立，正式成为具备石墨烯及其制品检测认证资质的国家级石墨烯质检中心，国家石墨烯质检中心在石墨烯等新材料领域具备国际一流的检测和研究能力。中心占地 20 亩，总投资 1.3 亿，设备总值 6000 余万元全球尖端检验检测设备，拥有 11 个涵盖石墨烯及其制品、纳米材料、新型复合材料等多种材料的热学、电学、力学、形貌、成分等性能检测、分析实验室。国家石墨烯质检中心拥有一支由教授级高工领军、以博士和硕士为主体的高素质石墨烯及新材料检测研究团队，设立石墨烯生产制备、功能复合材料、石墨烯改性储能材料、基于石墨烯的金属表面防护等多个应用研发实验室。国家石墨烯质检中心是国标委国家石墨烯标准化推进工作组表征与测量专业组组长单位，是江苏省石墨烯标准化技术委员会主任委员单位和江苏省石墨烯检测标准化技术委员会主任委员、秘书处承担单位，参与了多项石墨烯国家与地方标准的制订。本章相关数据的总结是基于国家石墨烯产品质量监督检验中心日常部分数据积累与作者的一些总结分析，但鉴于石墨烯产业链的快速发展与检验能力的有限覆盖，相关分析仅代表作者的意见，如有不当之处，还请读者指正，以便后续更正修改！

2.1 石墨烯材料及其相关制品检测大数据数据分析

2.1.1 石墨烯材料检测大数据数据分析

图 2.1 是 2014 年至 2019 年 6 年间的国家石墨烯质检中心检验检测需求来源占比图。图 2.1 表明 2014 年至 2016 年三年间石墨烯原材料生产企业检验检测需求占比达到 40%，其次是石墨烯下游应用企业和科研机构。但从 2017 年至 2019 年的检测需求看，下游应用企业检验检测需求从之前的 18% 升至 41%，原材料生产企业由原来的 40% 下降为 14%。这也从侧面说明了石墨烯产业发展的变化。石墨烯产业链发展初期，整个产业重点是实现原材料的工业化制备，随着石墨烯原材料制备技术的不断成熟与稳定，石墨烯生产企业本身的发展需求以及下游应用的不断参与，石墨烯由最初的原材料产品开始不断转变为一些终端消费品。

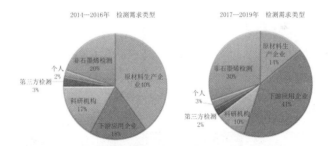

图 2.1 国家石墨烯质检中心检验检测需求来源占比图

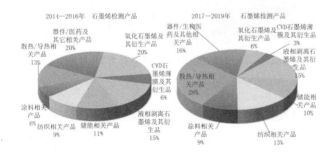

图 2.2 国家石墨烯质检中心检验检测产品类型占比图

　　图2.2是2014年至2019年6年间的国家石墨烯质检中心检验检测产品类型占比图。从图中可知，2014年至2016年三年间国家石墨烯质检中心检验石墨烯产品中主要是以氧化石墨烯、液相剥离石墨烯等原材料为主，其他石墨烯关联储能、纺织、涂料以及散热材料也有一定的检测需求。但2017年至2019年，可知原材料中液相剥离检测需求增长明显，应用产品占比整体提高，尤其是石墨烯关联散热/导热领域提升明显。过去6年，国家石墨烯质检中心检测产品占比的变化，也充分反映出石墨烯产业链发展的变化。石墨烯原材料有产业初期的氧化石墨烯及其衍生产品逐渐转变为液相剥离石墨烯产品；纺织、涂料、储能、散热/导热等应用产品占比不断提升，尤其是石墨烯散热/导热等产品异军突起！

图2.3　典型的氧化石墨烯材料基本外观与 SEM 和 AFM 表征图

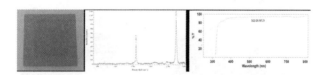

图2.4　典型 CVD 法制备的硅基转移石墨烯薄膜照片，拉曼光谱与透光性表征图

图2.5　常见液相剥离法制备的石墨烯粉及其 SEM 与 AFM 表征图

　　就石墨烯原材料而言，目前市面上能见到的主流产品主要有氧化石墨烯、液相剥离石墨烯和石墨烯 CVD 薄膜三大类。图2.3是较为典型的氧化石墨烯材料基本外观与 SEM 和 AFM 表征图。常见的氧化石墨烯产品形态有棕黄色的溶液、黄褐色的浆料和粉末。大家较为关注的是氧化石墨烯产品的单层率、厚度、片径以及碳氧比和杂质等参数。图2.4是较为典型的 CVD 法制备的硅基

转移石墨烯薄膜照片，拉曼光谱与透光性表征图，石墨烯薄膜产品大多是转移在硅基、铜基和高分子基底上的形态出现，普遍关注透光性、拉曼光谱、电阻和缺陷等参数。图2.5是常见的液相剥离法制备的石墨烯粉及其 SEM 与 AFM 表征图。普遍较为关注电导率、杂质含量、厚度等参数。

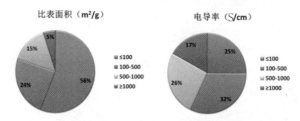

图2.6　国家石墨烯质检中心检验石墨烯原材料的比表面积与电导率数据分析

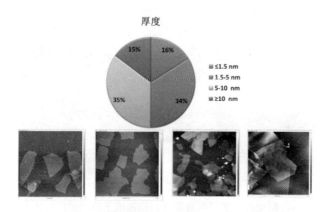

图2.7　原子力学显微镜对石墨烯原材料表征的厚度数据统计和典型 AFM 表征图

就石墨烯原材料生产与应用而言，比表面积、电导率与层数或厚度三个参数得到了更多关注，主要是因为从这三个参数可以初步对石墨烯原材料进行粗略的质量把控。理论上石墨烯材料的比表面积可达到 $2630m^2/g$，电导率可达到 $1×10^6S/m$，厚度为 0.34nm。图2.6为国家石墨烯质检中心 2014 年至 2019 年 6 年所做石墨烯原材料的比表面积与电导率数据分析。可以看出，采用 BET 法测试的石墨烯粉末材料比表面积小于 100 m^2/g 的占比超过一半，仅有 5% 左右的超过 1000 m^2/g；而电导率超过 1000 S/cm 的占比还不到两成！图2.7是采用原子力学显微镜对石墨烯原材料进行表征的厚度数据统计和典型 AFM 表征图。鉴于设备无法消除的误差、石墨烯表面本身的起伏以及吸附的小分子等其他物质，结合形貌等综合特征，常规情况单层石墨烯厚度大约在 1nm 左右。从国家石墨烯质检中心过去 6 年（2014 年至 2019 年）所做的统计看，所测石墨烯片层厚度小于1.5nm的占比不足两成，1.5~10nm间的占比将近7成。

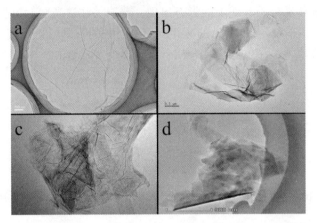

图2.8　常见各类型石墨烯原材料透射电子显微镜表征图示例。

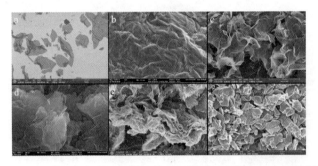

图2.9　常见各类型石墨烯原材料扫描电子显微镜表征图示例

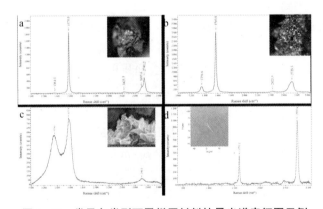

图2.10　常见各类型石墨烯原材料拉曼光谱表征图示例

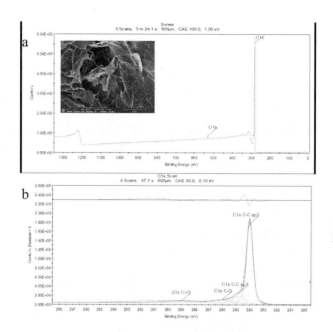

图 2. 11　常见各类型石墨烯原材料 X 射线光电子能谱仪表征图示例

　　除上述石墨烯材料表征参数外，还有其他常见表征参数可用于分析石墨烯材料物性特点，如透射电子显微镜、扫描电子显微镜、拉曼光谱、X 射线光电子能谱仪、X 射线粉末衍射仪，等等。由于石墨烯材料生产厂家、生产批次、生产方法等存在诸多不同，这里仅选取部分有代表性结果（分别见图2.8、图2.9、图2.10、图2.11、图2.12）进行展示，特此说明，相关展示不具有判定和任何结论性意义！

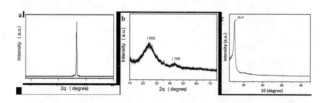

图 2. 12　常见各类型石墨烯原材料 X 射线粉末衍射仪表征图示例

2.1.2　石墨烯相关制品检测大数据数据分析

　　随着石墨烯产业链的不断发展与深化，近年来已有不少的石墨烯终端产品进入消费者视线。客观地说，产业初期，打着石墨烯概念为旗号的产品可以说是琳琅满目、良莠不齐、真假难辨，但随着时间的不断推移，石墨烯材料在终端产品市场确实能够起到正面作用且获得行业认可的基本在储能产品、电热产品、纺织产品、功能涂料产品等几大领域。这里结合国家石墨烯质检中心实际检测较多的电热产品和纺织产品进行部分实际结果的展示。

电热膜就是一种通电后能发热的薄膜。它是由电绝缘材料与封装其内的发热电阻材料组成的平面型发热元件。随着人们生活品质的提高，便于自主控制的个性化采暖或理疗产品日益受到消费者的青睐，尤其以电热膜制成品最受欢迎。其中，石墨烯电热膜以其方便经济、节约能源、安全可靠、易于安装等优点成了石墨烯材料比较突出的应用产品之一。石墨烯电热膜的电-热转换效率接近100%，几乎没有机械能、光能及化学能等形式的能量损失。与其他相同单位面积功率的电加热元器件相比，石墨烯电热膜的电-热辐射转换效率比例最大。

图2. 13 部分形式的石墨烯电热产品核心部件的实物照片

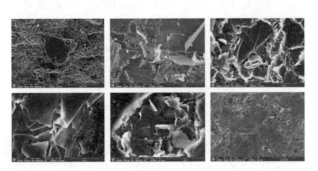

图2. 14 国家石墨烯质检中心所检各类型石墨烯电热产品的扫描电子显微镜表征图

图2. 13是部分形式的石墨烯电热产品核心部件的实物照片。通过这些核心部件的进一步组装，可以广泛应用于电热地暖系统、电热墙画、电热家居、电暖器等各式各样的电热器件产品。借助近年来国家政策层面不断出台的

"煤改电、气改电""推进北方地区冬季清洁取暖"等政策推动，石墨烯材料优异的热传导、远红外辐射等性能特点以及新材料应用的政策支持，石墨烯相关电热产品市场火爆，市场规模与前景普遍被看好。可以说，石墨烯电热产品市场的火爆，也间接拉动了石墨烯原材料市场的去库存。尽管如此，石墨烯电热产品中所含石墨烯原材料的情况也不尽相同。图 2.14 是目前国家石墨烯质检中心近年来所检各类型石墨烯电热产品的扫描电子显微镜表征图。除验证产品所含石墨烯原材料的本身品质是否相同外，石墨烯原材料的含量以及在其中真正发挥的功能作用也值得进一步验证。

纺织工业是我国传统支柱产业，随着人民日益增长的美好生活需要，纺织品在满足人们基本的物性需求的基础上，对纺织品其他更多功能性需求也正在日益增加。功能性纺织品是指除具有自身的基本使用价值（如装饰、保暖等）外，还具有抗菌、除螨、防霉、抗病毒、防蚊虫、防蛀、阻燃、防皱免烫、拒水拒油、防紫外线辐射、防电磁辐射、香味、磁疗、红外线理疗和负离子保健等功效中的一种或几种的纺织品。

图 2.15　部分形式的石墨烯改性功能纺织品实物照片

石墨烯作为一种碳原子以 sp^2 杂化方式形成的二维蜂窝状新型碳材料，拥有丰富且独特的力学、热学和光电学性能。这些优异的性能使得石墨烯成为 21 世纪"新材料之王"。通过纺织化学整理技术将石墨烯与传统织物结合，可以开发出品种丰富的功能性纺织品，如：导电纺织品、抗紫外线纺织品、阻燃纺织品、疏水纺织品和抗菌纺织品。可以说，石墨烯与纺织品的结合已被证明可极大地扩大传统纺织品的应用领域和提高其开发价值，对我国传统纺织业的产业升级意义重大！

图 2.15 是部分形式的石墨烯改性功能纺织品实物照片。图 2.16 是石墨烯改性功能纤维和石墨烯改性切片的扫描电子显微镜表征照片。客观地说，从目前的大多送检产品来看，大部分情况下，基本上还是可以发现一些碳纳米二维结构材料确实存在于送检产品中，但从检验检测的角度，从表征石墨烯材料是否存在外，石墨烯的层数、添加量、添加方式、发挥的作用等仍然需要进一

步考虑。

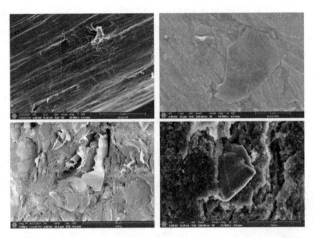

图 2.16　石墨烯改性功能纤维和石墨烯改性切片的扫描电子显微镜表征照片

总体上而言，石墨烯材料从研究到原材料产业化再到终端产品的面世，整个发展时间也不过 15 年左右，而国内真正开始上述过程也不过 10 年时间而已。对一种新材料而言，10 年是一个极其短的时间；但对号称"新材料之王""工业味精"的石墨烯材料而言，石墨烯材料经过各种渠道的宣传以及广泛的应用尝试，国内石墨烯产品已层出不穷，甚至有些年份有点"没有做不到，只有想不到"的状态。面对这些情况，无论生产者还是消费者，对科学、客观、公正的检验检测提出了必然需求。但国内任何一家正规的检验检测机构对产品进行检验检测都需要有一定的依据，最常见的就是标准，且最好是认可度较高的标准，比如国际标准、国家标准、行业标准、地方标准，或者团体标准甚至企业标准。尽管企业标准原则上一般应该技术要求会高于其他标准，但考虑到标准的认可执行地域性，大家更加普遍认可国际标准、国家标准或行业标准等。就石墨烯相关标准而言，无论基于何种因素，毕竟产业发展时间仍然较短，而标准的制定与出台也需要一定的周期，尽管目前也出台了一些石墨烯相关标准，但整个石墨烯标准体系几乎还未建立，这对检验检测机构依规开展相关检验检验造成了极大的困扰！可以说，现阶段，国内任何一家正规检验检测机构，还无法用广受认可的标准对石墨烯相关产品进行结论性判定！下面就石墨烯标准制定情况进行简要介绍。

2.2 石墨烯标准化现状概况

2015 年，国家工信部、发改委和科技部联合印发《关于加快石墨烯产业创新发展的若干意见》，提出到 2020 年，形成完善的石墨烯产业体系，实现石墨烯材料标准化。2017 年，工信部、发改委、科技部、财政部共同发布《新材料产业发展指南》，要求完善新材料产业标准体系，特别提出加快发布石墨烯材料的名词术语与定义基础标准，制定石墨烯层数测定、比表面积、导电率等标准，研制一批石墨烯材料、器件标准和计量装置。这预示着我国石墨烯标准化工作进入重要时期。

为推进石墨烯标准化建设，国内 2014 年左右开始出现石墨烯标准制定的情况，比如江苏省石墨烯检测技术重点实验室 2014 年发布了 13 项实验室检测标准等。在国家标准层面，2015 年 1 月成立了全国钢标准化技术委员会碳素材料分技术委员会薄层石墨材料工作组着手石墨烯相关国家标准的申报工作。同时为更好推进石墨烯国家标准体系建设，国标委 2016 年 10 月成立了石墨烯标准化推进工作组，并下设了通用基础专业组、表征与测量专业组、环境安全健康专业组和产品规范专业组四个专业组；加强标准化工作对石墨烯产业发展的支撑和引领，充分发挥"标准化+"效应。此外，这期间江苏、广东、广西等省区也成立了石墨烯标准技术委员会推进石墨烯地方标准的建设工作。与此同时，还有中国石墨烯产业技术创新战略联盟、中关村石墨烯产业联盟等团体联盟、组织在推进团体标准的制定工作。随着标准化工作的深入，大量企业也均发布了自己的企业标准。

目前，世界范围内石墨烯标准化工作都处于初步阶段，国际上在此领域投入相关工作的主要为国际标准化组织（ISO）和国际电工委员会（IEC），以及欧洲电工标准化委员会（CENELEC）石墨烯相关材料规范讨论组等。发布的国际标准有国际标准化组织（ISO）国际标准 ISO/TS 80004-13：2017 纳米技术术语-第 13 部分：石墨烯以及相关的二维（2D）材料，国际电工委员会（IEC）国际标准 IEC/TS 62607-6-13：2020《纳米制造-关键控制特性-第 6-13 部分：石墨烯粉体-含氧官能团含量：Boehm 滴定法》等。

截止 2020 年 10 月 14 日，从全国标准信息公共服务平台能够检索到发布的国家标准 3 项，具体见表 2.1；正在制定的国家标准 11 项，具体见表 2.2；发布的行业标准 1 项具体见表 2.3；发布的地方标准 22 项，具体见表 2.4。

截止 2020 年 10 月 14 日，从全国团体标准信息平台能够检索到团体标准 44 项。

表 2.1 已发布石墨烯相关国家标准列表

序号	标准号	标准名称	备注
1	GB/T 38114—2019	纳米技术 石墨烯材料表面含氧官能团的定量分析 化学滴定法	
2	GB/Z 38062—2019	纳米技术 石墨烯材料比表面积的测试 亚甲基蓝吸附法	
3	GB/T 30544.13—2018	纳米科技 术语 第 13 部分：石墨烯及相关二维材料	

表 2.2 正在制订的石墨烯相关国家标准列表

序号	计划号	标准名称	备注
1	20140890-T-491	纳米技术 石墨烯相关二维材料的层数测量 拉曼光谱法	正在批准
2	20140889-T-491	纳米技术 石墨烯相关二维材料的层数测量 光学对比度法	正在批准
3	20140894-T-491	纳米技术 氧化石墨烯厚度测量 原子力显微镜法	正在批准
4	20191895-T-491	纳米技术 氩气吸附静态滴定法（BET）测定石墨烯材料的比表面积	正在征求意见
5	20191896-T-491	纳米技术 石墨烯材料的化学性质表征 电感耦合等离子体质谱法（ICP-MS）	正在征求意见
6	20192942-T-491	纳米技术 石墨烯粉体中硫、氟、氯、溴含量的测定 燃烧离子色谱法	正在征求意见
7	20192943-T-491	纳米技术 石墨烯粉体中水溶性阴离子含量的测定 离子色谱法	正在征求意见

序号	计划号	标准名称	备注
8	20202805-T-491	纳米技术 X 射线光电子能谱法测量石墨烯粉体的氧含量和碳氧比	正在起草
9	20202801-T-491	纳米技术 亚纳米厚度石墨烯薄膜载流子迁移率及方块电阻测量方法	正在起草
10	20160465-T-491	石墨烯材料电导率测试方法	正在审查
11	20170324-T-491	石墨烯薄膜的性能测试方法	正在征求意见

表 2.3　已发布石墨烯相关行业标准列表

序号	标准号	标准名称	备注
1	HG/T 5573—2019	石墨烯锌粉涂料	

表 2.4　已发布石墨烯相关地方标准列表

序号	标准号	标准名称	备注
1	DB45/T 1421—2016	石墨烯三维构造粉体材料名词术语和定义	广西
2	DB45/T 1424—2016	石墨烯三维构造粉体材料生产用高温反应炉的设计规范	广西
3	DB45/T 1422—2016	石墨烯三维构造粉体材料生产用聚合物	广西
4	DB13/T 2768.1—2018	石墨烯粉体材料检测方法 第 1 部分：灰分的测定	河北
5	DB13/T 2768.5—2018	石墨烯粉体材料检测方法 第 5 部分：热扩散系数的测定 闪光法	河北
6	DB13/T 2768.4—2018	石墨烯粉体材料检测方法 第 4 部分：比表面积、孔容和孔径 BET 法	河北

序号	标准号	标准名称	备注
7	DB13/T 2768.3—2018	石墨烯粉体材料检测方法 第 3 部分：电导率的测定	河北
8	DB13/T 2768.2—2018	石墨烯粉体材料检测方法 第 2 部分：碳、氮、氢、硫、氧元素含量的测定	河北
9	DB32/T 3459—2018	石墨烯薄膜微区覆盖度测试 扫描电子显微镜法	江苏
10	DB32/T 3596—2019	石墨烯材料 热扩散系数及导热系数的测定 闪光法	江苏
11	DB32/T 3595—2019	石墨烯材料 碳、氢、氮、硫、氧含量的测定 元素分析仪法	江苏
12	DB13/T 5025.4—2019	石墨烯-碳纳米管复合导电浆料测定方法 第 4 部分：金属元素含量的测定 电感耦合等离子体发射光谱法	河北
13	DB13/T 5025.3—2019	石墨烯-碳纳米管复合导电浆料测定方法 第 3 部分：磁性异物含量的测定	河北
14	DB13/T 5026.3—2019	石墨烯导电浆料物理性质的测定方法 第 3 部分：浆料极片电阻率的测定 四探针法	河北
15	DB13/T 5026.2—2019	石墨烯导电浆料物理性质的测定方法 第 2 部分：浆料细度的测定 刮板细度计法	河北
16	DB13/T 5026.1—2019	石墨烯导电浆料物理性质的测定方法 第 1 部分：浆料黏度的测定 旋转黏度计法	河北

序号	标准号	标准名称	备注
17	DB13/T 5025.2—2019	石墨烯-碳纳米管复合导电浆料测定方法 第2部分：水分含量的测定	河北
18	DB13/T 5025.1—2019	石墨烯-碳纳米管复合导电浆料测定方法 第1部分：固含量的测定	河北
19	DB23/T 2492—2019	石墨烯材料 碳、氮、氢、硫、氧元素含量测试方法	黑龙江
20	DB45/T 1423—2016	石墨烯三维构造粉体材料的检测与表征方法	广西
21	DB45/T 1425—2016	石墨烯三维构造粉体材料生产技术	广西
22	DB45/T 2014—2019	路面用石墨烯复合改性橡胶沥青技术要求	广西

　　可以说石墨烯标准化工作经过近些年的发展获得了极大的丰富，在国家标准、行业标准、地方标准、团体标准、企业标准等各层面均有相关标准的出台，对产业的健康有序发展起到了一定的促进和规范作用。但也有一些问题较为突出，比如日益增长的标准需求与标准有效供给相对不足之间的矛盾、大企业参与度较低等。此外，个人认为当前还存在一个重要的标准化问题，尽管已出台了石墨烯术语定义标准和石墨烯材料性能参数的检测方法标准，但仍存在一个重要问题尚未被解决并形成广泛认可，那就是通过哪些表征手段得到什么样的结果可以明确表明所测材料是石墨烯材料，进而通过现有发布或制定的检测方法标准进一步说明所测石墨烯材料的性能或品质如何。这个问题不尽快得到解决，对检验检测机构以及相关监管机构而言，标准发布得再多，也无法对石墨烯相关材料进行是否为石墨烯材料及相关产品的结论判定！

　　总之，如何让标准化充分发挥先进引领作用，促进石墨烯产业升级、科技创新进步，仍然是需要政府、企业、社会共同面对的议题。

第三章　石墨烯材料在储能领域的研究进展

石墨烯材料由于良好的电学性能以及二维结构特点在储能领域多应用于电极材料，这也是本章将要论述的重点。基于石墨烯不同的特性和应用的不同，其利用方式也是不同的。从宏观角度而言，我们将其归纳为以下两种：1）石墨烯单独作为电极材料；2）石墨烯复合材料作为电极材料。

3.1　石墨烯电极

将石墨烯直接用于电极而不添加其他成分，是最直接利用石墨烯的方式之一，这种方式也多见于石墨烯应用于储能领域研究的早期，这对于探索和理解石墨烯储能的原理是十分重要的。此外，虽然直接利用石墨烯作为电极，也可将其分为多种结构，下文将着重介绍宏观二维石墨烯和宏观三维石墨烯结构，不同的结构具有不同的应用方式和使用效果。

需要说明的是，单独使用石墨烯作为电极材料和使用复合石墨烯材料作为电极并不是完全独立的，正如下文所述，为改善石墨烯缺陷或减少石墨烯片层堆积等问题，或使得石墨烯作为电极成为可能，添加必要的添加剂或辅助材料仍然是必不可少的。

3.1.1　宏观二维石墨烯结构

3.1.1.1　电池应用

石墨烯可直接应用于电极材料。例如，Wang 等人使用高锰酸钾作为氧化剂制备了大面积的石墨烯纳米片，使用这些石墨烯纳米片作为阳极的电池，展现了较好的循环性能，在 100 圈循环后仍保持 460 mAh/g 的比容量，远高于石墨烯的最高理论比容量。[1]Li 等人将石墨烯纳米片用作非水锂氧电池的阴极活性材料，研究发现，与碳粉相比石墨烯纳米片（GNSs）电极具有更高的放电能力，研究者认为这是由于石墨烯独特的形态和结构特征所导致的。[2]

除此以外，有研究人员发现将石墨烯的结构稍作修饰，制作成多孔结构有助于提高电极的锂离子存储容量，同时使电池具有更好的放电或充放电能力和更高的循环稳定性。如图 3.1，Zhang 等人使用二茂铁纳米颗粒和氧化石墨烯片作为前体，通过简单的热退火过程制备了大尺寸的纳米多孔石墨烯片，并发现原始氧化石墨烯表面上的含氧基团决定了纳米孔的分布和密度。与使用石墨烯或化学还原石墨烯片作为阳极的石墨烯电池相比，比容量可由 ~400mAh/g 上升为 ~800mAh/g，并且倍率性能显著提高。[3]

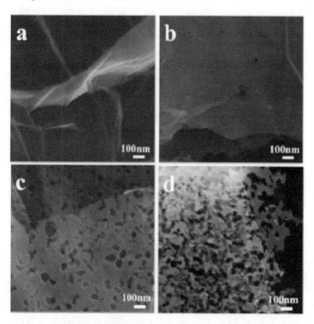

图 3.1　纳米多孔石墨烯片的 SEM 图像和电化学性能[3]

对石墨烯进行简单的表面修饰，也是提高石墨烯电极性能的常见方式。例如，Xiao 等人将经过表面修饰的石墨烯薄片分层排列，应用于锂空气电池，这种结构的电极为锂氧电池中提供 15000 mAh/g 的超高容量，是当时该领域报道的最高容量。[4]作者将这种优异的性能归功于石墨烯电极独特的双峰多孔结构，该结构由微孔通道组成，便于 O_2 快速扩散，而高度连接的纳米级孔为锂和氧气反应提供了高密度的反应位点。而石墨烯上的缺陷和官能团有利于形成孤立的纳米级 Li_2O_2 颗粒，还有助于防止空气在空气电极中堵塞。石墨烯本体的分层有序多孔结构促进了这种结构的石墨烯片的可获得性，从而使其具有实际应用价值。

3.1.1.2 超级电容器应用

Wang 等人用肼气体还原氧化石墨烯（GO）得到的还原氧化石墨烯（RGO）作为超级电容器的电极材料，实验结果表明在电解质水溶液中，当测试功率密度为 28.5 Wh/kg 时，最大比电容达 205 F/g。[5]与此同时，超级电容器装置在 1200 次循环测试后，还保留了高达 90%的比电容，显示出优良的长周期寿命。

需要注意的是，石墨烯的制备环节对于其性能有着重要的影响。例如，Brownson 等人就强调了表面活性剂的影响，表面活性剂通常用于制备石墨烯，它可以显著影响超级电容器的性能。[6]Vivekchand 等人对比研究了三种不同方法制备的石墨烯作为超级电容器电极材料的性能表现，分别为石墨氧化物的热剥离、纳米金刚石热转化以及将樟脑（camphor）在纳米镍上分解。[7]作者发现相比于后者，石墨氧化物剥离和纳米金刚石转化制备的石墨烯样品在 H_2SO_4 溶液中表现出较高的比电容，其值可达 117 F/g。

石墨烯薄膜或纸的制备相对简单，是一种常见的宏观二维结构，是一种具有潜力的柔性电容器方案。然而，由于石墨烯薄片平面间的相互作用和范德华力，片层之间容易发生团聚和堆积，这会大大减小石墨烯层间的表面积，限制电解质离子的扩散。为了克服堆积效应，研究人员通常采取模板辅助生长、石墨烯片皱缩等方法。如图 3.2，Wang 等人开发了一种柔性石墨烯纸，加入了少量的炭黑纳米颗粒作为石墨烯片之间的间隔物，为电荷存储和离子扩散通道提供了开放的结构，在扫描速率为 10 mV/s 时，在水电解质中的比电容为 138 F/g，而在电流为 10 A/g 时，2000 次循环后仅有 3.85%的电容丢失。[8]如图3.3，Weng 等人通过石墨烯纳米片和纤维素纤维的三维交织结构制备了一种石墨烯纸，其具有优异的机械柔韧性、良好的比电容和功率性能，以及优异的循环稳定性。[9]这种石墨烯纸的电导率稳定性高，弯曲 1000 次后电导率仅下降 6%。而且，电极的几何面积电容为 81 mF/cm^2，相当于石墨烯的比重电容为 120 F/g，并在 5000 次循环中保持>99%的电容。

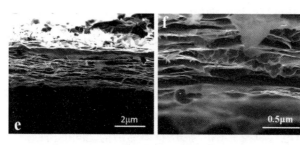

图 3.2 柔性石墨烯纸的微观结构和截面图像[8]

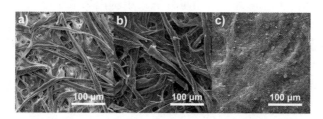

图 3.3 石墨烯纳米片和纤维素纤维的三维交织结构制备石墨烯纸的 SEM 图像[9]

Linh T. Le 等人则使用了喷墨打印制备石墨烯电极的新方法，他们将氧化石墨烯纳米片质量含量在 0.2% 的水中稳定分散，随后喷墨印刷到钛箔上，在氮气温度下进行热还原，制备得到石墨烯电极，在 0.01~0.5V/s 的扫描范围内，超级电容器的电容为 48~132 F/g。[10]

3.1.2 宏观三维石墨烯结构

3.1.2.1 电池应用

开发具有三维网络的石墨烯基宏观结构，即气凝胶、石墨烯泡沫或海绵是解决石墨烯聚集的另一种方法。这些三维石墨烯材料由微观–中观–宏观互连孔隙组成，不仅具有石墨烯的固有特性，而且具有高比表面积、低密度、良好的导电性和优异的力学性能，因此备受关注。具有孔洞和高比表面积的三维石墨烯已被证明为锂离子输运提供了丰富的输运通道。

例如，Fan 等人使用多孔 MgO 薄片作为模板，通过化学气相沉积（CVD）获得了多孔石墨烯，这种多孔石墨烯的孔径为 3~8nm，[11] 实验结果显示其具有高可逆容量 1723 mAh/g、优异的高速率性能和良好的循环稳定性。Liu 等人通过冷冻干燥将均匀的氧化石墨烯水分散成气凝胶，然后机械压制合成了多孔石墨烯纸。[12] 基于多孔石墨烯纸的锂离子电池在 100 次充放电循环后可提供

568 mAh/g、100 mA/g 的可逆容量。

3.1.2.2　超级电容器应用

Dong 等通过在 3D 石墨烯泡沫上原位聚合苯胺单体，制备了用于超级电容器的三维石墨烯泡沫/PANI 杂化电极材料。[13] 合成的超级电容器在 1 M H₂SO₄ 水溶液中，比电容为~346 F/g，循环 600 次后保持稳定。作者将高的比电容归因于 PANI 的赝电容以及 PANI 与 3D 石墨烯结构之间的协同效应。由于其高电子/电解质电导率和化学稳定性，3D 石墨烯在提高速率能力和循环稳定性方面发挥了关键作用。Cheng 等人采用单分散聚甲基丙烯酸甲酯（PMMA）球体作为硬模板，然后在 800℃ 下通过煅烧去除 PMMA 模板。由此得到的三维气泡石墨烯结构提供了可控且相当均匀的大孔和可定制的整体微观结构，因此，随着扫描速率增加至 1000 mV/s，可获得 67.9% 的高电容保持率。[14]

自组装 3D 石墨烯基材料具有多孔结构，这对提高超级电容器的性能至关重要。Xu 等人将自组装石墨烯用在电容器中，在 5 M KOH 水溶液电解质中表现出了 175 F/g 的高比容。[15]

3.2　石墨烯复合材料电极

单独使用的石墨烯往往不能将其最优的性能展现出来，将石墨烯与各种功能材料和组件复合已被证明是一种多功能和强大的策略，利用复合产生的协同效应，结合相关组件的最佳优点，可赋予复合材料的功能和特性，从而显著提高锂离子电池、超级电容器等各种储能系统的性能，例如，充放电效率、能量/功率密度和循环寿命。这也是目前利用石墨烯材料的常用方法。

石墨烯复合材料可理解为具有以下两层含义。

1）宏观层面上的复合材料，这类复合材料中，石墨烯一般作为填充物通过物理加工技术（如球磨或剪切混合）混合到聚合物、陶瓷或金属基体中，其中，石墨烯的作用通常是为了机械地强化基体或改变基体的热学或电学等特性。这类复合材料的优势是制备方便快速，缺点是材料之间的界面接触不稳定，界面附着力差。

2）微观层面上的复合材料，也可称之为杂化材料，这类材料中石墨烯与复合材料产生了纳米尺度的相复合或接触。这种纳米级复合，使这类石墨烯复合材料的材料之间的结合能力大大加强，这可以促进不同材料之间的电荷转移和传输的过程，产生更强的协同效应。

可见，不论在哪种复合材料中石墨烯都承担着不尽相同的功能角色，主要是在机械和电学角色上有重要贡献，需要说明的是，其机械特性和电学特性并不是相互孤立的，在许多文献中，二者往往是同时发挥作用的。基于此，本节中我们按照石墨烯承担任务的不同，将石墨烯复合材料划分为了 2 类：支撑材料和调控材料，前者主要侧重于石墨烯机械特性给电极带来的帮助，而后者主要侧重于石墨烯电学特性给电极带来的帮助。

3.2.1　石墨烯作为支撑材料

3.2.1.1　电池应用

二维材料由于其片层的结构特点，十分适合作为支撑材料或衬底材料，石墨烯也不例外，利用石墨烯作支撑可构建不同结构和形态的混合材料，这类材料的性能也已在锂离子电池电极中得到了验证。

比较简单的利用方式是直接将纳米结构活性材料生长或沉积在石墨烯片上。例如，Jayalakshmi 等人将还原氧化石墨烯（RGO）作为支撑材料，以草酸钠为还原剂，用水热法制备了 VO_2（B）纳米棒和 VO_2（B）-还原氧化石墨烯复合材料。[16] 将其用作锂离子电池的正极材料，电池具有可逆容量约 159 mAh/g，作者认为这是石墨烯作为支撑材料和导电剂的两种角色导致的性能提升。Luo 等人通过毛细管驱动在气溶胶液滴中组装的方法，将硅纳米颗粒包裹在皱褶的石墨烯外壳中制成亚微米大小的胶囊，被压皱的石墨烯涂层中的褶皱可以适应硅在锂化过程中的体积膨胀而不会断裂，从而有助于保护硅纳米颗粒不受绝缘固体电解质间相的过度沉积。[17] 与纯硅材料相比，该材料循环性能大大提高，可在 1000mAh/g 容量循环 200 圈以上。Tang 等人利用 TiO_2 胶体和氧化石墨薄片的水热反应，将 $Li_4Ti_5O_{12}$（LTO）负载在了二维石墨烯（GR）上，两种材料紧密结合界面提供了更短的离子扩散距离和良好的电子导电结构，明显地提高了锂离子电池的倍率性能，在 20C 情况下仍有 140mAh/g 的容量。[18]

优化纳米结构活性材料和石墨烯片之间的界面相互作用为提升石墨烯复合材料的性能提供了另一个有益的思路。例如，Vinayan 等人报道了一种合成 SnO_2 纳米颗粒分散氮掺杂石墨烯（SnO_2/NG）的策略。他们首先通过热解聚吡咯包覆聚苯乙烯磺酸钠对石墨烯表面进行功能化改性，之后通过改性多元醇还原法将 SnO_2 纳米粒子分散在氮掺杂石墨烯上，这种方法制备的材料 SnO_2 纳米颗粒尺寸为 2～3nm，分散均匀，结晶度好。作为锂离子电池阳极材料的

SnO_2/NG 显示出非常好的速率能力和优异的循环性能，在 100 次循环后仍具有 1220 mAh/g 的比容量。[19]

此外，原子层沉积和 CVD 原位生长等方法也为表面控制提供了可能。例如，相比于将活性材料被动地负载在石墨烯上，Son 等人开发了一种 CVD 工艺，利用 CO_2 作为温和氧化剂，在无 SiC 形成的情况下在纳米硅颗粒上直接生长石墨烯层，单个石墨烯层直接固定在硅表面，这种结构在重复的锂-脱盐循环中能容纳硅的体积膨胀，仍保持良好的结合。当配以商用锂钴氧化物阴极时，无碳化硅石墨烯电极使整个电池在第一次循环和第 200 次循环时的体积能量密度分别达到 972 和 700 Wh/L，比目前商用锂离子电池高出 1.8 倍和 1.5 倍。[20] Luo 等则报道了一种自下而上的策略，在原子层沉积的辅助下，将双连续介孔纳米结构 Fe_3O_4 接植到三维石墨烯泡沫上，并直接使用该复合材料作为锂离子电池阳极。该电极具有高达 785mAh/g 的高容量（1C 条件下），并可维持 500 次循环而不发生衰变。[21]

将石墨烯作为支撑和电极骨架，构筑无黏结剂和导电剂添加的自支撑电极是高性能电池发展的方向之一。这类无结剂和导电剂的电极用于锂离子电池，可避免非活性材料稀释电极锂存储能力，有利于提高质量比容量。

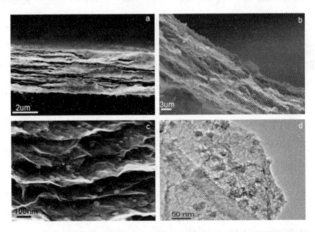

图 3.4　（a-b）纯石墨烯纸和石墨烯- TiO_2 杂化纸的 SEM 横断面图像；（c）单个石墨烯薄片上 TiO_2 的 SEM 侧视图图像；（d）石墨烯- TiO_2 复合纸纳米结构的 TEM 图像[22]

利用真空抽滤形成复合纸结构，是制备自支撑电极的重要方法。如图 3.4，Hu 等人也采用这种方法，在石墨烯层之间插入纳米级 TiO_2 作为柱状结构，制备了柔性、无黏结剂的石墨烯- TiO_2 复合纸结构电极。在 2 A/g 时，经过 100 次充放电循环，比容量仍保持有 122 mAh/g。同时，柔性石墨烯- TiO_2

复合纸在速率从 4 A/g 下降到 200 mA/g 时表现出良好的稳定性，保留容量为 175 mAh/g。[22] 如图 3.5，Liang 等人则采用过滤方法与热还原相结合的方式，制备了柔性独立石墨烯-SnO$_2$ 纳米复合材料纸（GSP）。与纯 SnO$_2$ 纳米粒子相比，石墨烯具有较高的机械强度和弹性，可以作为缓冲剂防止 SnO$_2$ 纳米粒子在 Li+插入、萃取过程中的体积膨胀和收缩，因此 GSP 具有更好的循环稳定性。[23]

图 3.5　石墨烯/SnO$_2$ 纳米复合材料纸（GSP）的截面图像与光学照片[23]

　　除了使用密布排列的石墨烯片的纸状薄膜外，通过 CVD 生长或化学组装制造的三维多孔石墨烯泡沫也是制作独立电极的一种常见方法。Hu 等人合成了一种三维石墨烯-泡沫-还原石墨烯-氧化物混合嵌套分层网络，可同时实现高硫负载和高含量，解决了 Li-S 电池的"双低"问题。[24] 所得到的锂-硫阴极显示出比商用锂离子电池大 2 倍的高容量，并且在低硫负荷下具有与之相当的良好循环性能。硫负荷为 9.8 mg/cm^2，硫含量为 83% 的 GF-RGO/S 阴极，在 0.2 C 速率下，表现出 10.3 mAh/cm^2 的高比面积容量，比商用锂离子电池高出近 2 倍，即使在如此高的硫负荷下，也能在 350 次循环后保持 63.8% 的良好循环性能。Tian 等人通过温和的化学还原法制备的石墨烯片的原位自组装，利用 L-抗坏血酸有效还原 SnO$_2$ 纳米颗粒/氧化石墨烯胶体溶液，得到了 3D 退火 SnO$_2$-石墨烯片状泡沫（ASGFs）。ASGF 具有密度低（约 19mg/cm^3），表面光滑，多孔结构等典型的气凝胶的特性，其作为锂离子电池的负极，在 200 mA/g 情况下，第一种可逆的比容量高达 984.2 mAh/g，且在 150 次循环后（1000 mA/g 条件下），ASGF 的可逆比容量仍高达 533.7 mAh/g，约为相同试验后 SGF（297.6 mAh/g）的两倍。[25]

　　此外，Shi 等人还报道了一种通过压缩石墨烯/碳纳米管（G-CNT）气凝胶，构建的独立、紧凑、导电和集成的阴极（G-CNT-S//G-CNT）电极，用于高体积能量密度的 LiS 电池。G-CNT 气凝胶表现出三维互连多孔网络、大表面积（363 m^2/g）和高电导率（67 S/m），可赋予阴极超高的体积质量密度（1.64 g/cm^3）和优越的电子离子传输网络。[26]同时，压缩后的超轻 G-CNT 薄膜可以作为柔性夹层，通过化学作用和物理限制协同抑制多硫化物的穿梭。该电极展现了 1841 Ah/L 的体积容量和 2482 Wh/L 的体积能量密度，这两个数值都是当时所报道的 LiS 电池的最高值。

Lu 等人还将上述结构扩展到了集流体的应用上，借助石墨烯的高导电性辅助无黏结剂和导电剂的电极。[27]他们将多孔金属的金属盐还原合成和石墨烯的化学气相沉积（CVD）连续生长路线结合起来，合成了一种三维随机双连续微孔石墨烯泡沫（3D-MPGF）结构，这种 3D-MPGF 呈现出微孔结构，既有相互连接的管状孔，也有尺寸从数百纳米到数微米的非管状孔，通过调整 CVD 时间，石墨烯壁的厚度可以从几个原子层到十层进行调整。在负载 S 为 2.5mg/cm² 的 3D-MPGF 表现出 844mAh/g 的超高初始容量，并在 0.1C 下循环 50 次后维持在 400mAh/g。

尽管有性能上的提升，但这些基于石墨烯的无黏结剂混合电极架构设计同样面临着一些问题。例如，对于真空过滤的石墨烯纸电极来说，密集压实的石墨烯片发生严重堆叠，阻碍了锂离子的跨平面传输，导致锂离子扩散动力学迟缓，这会限制高放电和充电速率下的电极容量。此外，对于石墨烯泡沫支持的无黏结剂电极来说，虽然由于其三维多孔网络结构可以大幅提高锂离子扩散率，但如何提高这种电极结构的体积比容量还是需要解决的问题。

3.2.1.2　超级电容应用

石墨烯以其优越的导电性能和高比表面积，已被广泛应用于提高不同纳米结构活性材料的电容性能的超级电容器。在这些石墨烯支撑的混合材料中，引入的石墨烯片不仅作为纳米结构活性材料沉积的大表面积支架，石墨烯片与活性材料之间良好的界面接触也是促进充放电过程的电子导电通道，对电子的快速转移大有裨益。

Long 等人通过将吸附在聚苯胺纳米片-氧化石墨烯杂化材料上的铁离子碳化，让铁纳米片直接生长在石墨烯片纳米（C-PGF）上，由于铁纳米片和石墨烯薄片的协同作用，获得的 C-PGF 在 6 M KOH 水溶液中表现出约 720 F/g 的超高电容，组装的非对称超级电容器具有显著的高功率密度和高达 140 Wh/kg 的超高能量密度，且 2000 次循环后可保持 78% 的可接受循环性能。[28]He 等人利用电化学沉积的方法，将 MnO_2 沉积到独立的、轻质（0.75 mg/cm²）、超薄（<200°m）、高导电性（55 S/cm）和柔性三维（3D）石墨烯网络上，其中，3D 石墨烯网络充当活性材料的理想载体，在 2mV/s 的

扫描速率下，该材料的面积电容为 1.42 F/cm。[29]基于同样的方法，Yu 等人也通过电化学沉积的方法将 MnO_2 颗粒沉积到石墨烯衬底上，同时为了进一步增加材料的导电性，作者进一步在材料外层包裹了一层碳纳米管，这种电极材料的比电容高达 380 F/g。[30]

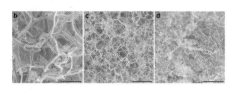

图 3.6　石墨烯气泡网络微观形貌图[31]

石墨烯不仅可以作为支撑材料，也可以作为被支撑材料。如图 3.6，Wang 等人基于聚合物前驱体的 Sugar-blowing 方法来合成了 3D 石墨烯气泡网络，这些气泡网络由单层或少层石墨膜组成，而单层或少层石墨膜被紧密黏合、刚性固定，并在空间上由微米级石墨支板支撑。[31]这种拓扑结构提供了密切的结构互连性、电子/声子传输的高速通道、巨大的可达表面积以及强大的机械性能。这种材料组装成的超级电容器在 H_2SO_4 电解液中，显示了高达 250 F/g 的比电容（1A/g 条件下）。如图 3.7，Chen 等人则制备了由针状 MnO_2 纳米晶支撑的氧化石墨烯复合材料（CMG）。[32]CMG15（$MnO_2/GO = 15：1$）作为电极，在 150mA/g 条件下，超级电容器的比容量为 216 F/g，且在 1000 次循环后保留了约 84.1%（165.9 F/g）的初始电容，相比于纳米 MnO_2 电极仅保留了约 69.0%（145.7 F/g）的初始电容，循环性能大大提高。

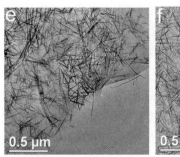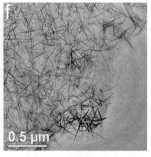

图 3.7　针状 MnO_2 纳米晶支撑的氧化石墨烯复合材料的透射电镜图[32]

与传统的 SC 电极结构高度依赖绝缘黏结剂和导电添加剂不同，构建石墨烯片和各种电化学活性电极材料的自支撑无黏结剂电极是开发高性能超级电容器电极和器件的有力策略。这种杂化方法可以形成三维连续导电网络，有利于嵌入式活性材料的利用。

　　与电池的制备方法类似，通过真空抽滤，将活性材料夹在或者附着于石墨烯纸上，制备得到自支撑的石墨烯值；或者通过 CVD 生长以及化学组装三维多孔石墨烯泡沫，也是制备自支撑超级电容器电极的常见方法。Perera 等人通过简单的水热合成方法，在还原氧化石墨烯（RGO）片上制造了 MnO$_2$ 纳米棒，再通过真空抽滤得到了复合纸基独立电极。[33]这种电极表现出良好的电化学性能，具有 15 Wh/kg 的能量密度，36.9 F/g 的比电容。

　　此外，Ramadoss 等人还通过简单的沉积制备了石墨烯基自支撑电极。他们将化学气相沉积（CVD）生长的高品质 3D-石墨烯粉末均匀地沉积在柔性石墨纸基板上，实现了高柔性、轻质、高性能的柔性超级电容器。[34]制造的纸基对称超级电容器在三电极系统中表现出 260 F/g（15.6 mF/cm^2）的最大电容，在全电池中表现出 80 F/g（11.1 mF/cm^2）的电容保持率高，在功率密度为 178.5 W/kg（24.5 μW/cm^2）的情况下，具有 8.8 Wh/kg（1.24 μWh/cm^2）的高能量密度。柔性超级电容器即使在弯曲、卷曲或扭曲的条件下，也能很好地保持其超级电容器的性能。

　　Khamlich 等人采用简单的水热合成方法将羟基氯化锌纳米片（ZHCNs）沉积在三维石墨烯-镍泡沫（NiF-G）上，形成 NiF-G/ZHCNs 复合电极材料。[35]制备的 NiF-G/ZHCNs 电极显示出发达的孔隙结构，高比表面积为 119 m^2/g，以及高的导电性。将其用作水碱电解质对称超级电容器的电极材料，展现出了 222 mF/cm^2（电流密度为 1.0 mA/cm^{2}时）和 1.63 Ω 的比电容和电子电荷转移电阻，且经过 5000 次的静电充放电循环后，该器件在 1.0 mA/cm^{2}的条件下仍可以保持96%的初始电容，并显示出约9.84 Ω 的低电荷传递阻抗（Rct）。Manjakkal 等人通过石墨烯片-Ag-石墨烯泡沫的组装，得到了逐层结构（石墨烯-Ag 导电环氧-石墨烯泡沫）电极材料。[36]这种材料用于超级电容器，在 0.67 mA/cm^2 的情况下，表现出了 38 mF/cm^2 的面积电容，3.4 μWh/cm^{2}的能量密度和0.27 mW/cm^{2}的功率密度；且在 25000 次充放电循环后，电容仍保持为原来的 68%。作者将其归因于电极中 Ag 导电环氧树脂、电极多孔结构中的高表面积和独立的 3D 石墨烯泡沫的高导电性。

3.2.2　石墨烯作为调控材料

3.2.2.1　电池应用

石墨烯作为电极的调控角色，主要侧重于电学特性方面，而非机械特性方面。最为典型的，就是石墨烯具有很强的导电性，往往用来做导电添加剂，构建石墨烯介导的活性材料。例如，Hu 等人制备了碳包覆的磷酸铁锂，表面修饰了 2% 质量比的电化学剥离石墨烯层，在充放电过程中，碳包覆的磷酸铁锂的高导电石墨烯薄片有助于电子迁移，降低了第一次循环的不可逆容量，使库仑效率在不同倍率下保持在趋近于 100%，同时比容量可以达到 208mAh/g。[37]

除了直接添加石墨烯，另一种常见策略是将带负电荷的氧化石墨烯片和带正电荷的活性材料通过相互的静电相互作用进行组装，然后通过氧化石墨烯片的还原得到石墨烯组分。

一般的活性材料是不带电荷的，很难与点电荷的 GO（氧化石墨烯）进行组装，常见的解决方案是进行二次组装，即先通过第一步的处理（亦可笼统地称之为组装），让活性材料表面带电荷，之后进行第二次组装。如图 3.8，Zhou 等人先用 PDDA 与 Si 颗粒进行组装，使硅颗粒带正电荷，之后将带正电荷的硅颗粒与带负电荷的氧化石墨进行组装，将产物进行热处理之后就得到了石墨烯-Si 的组装材料。[38]获得的 Si-NPG 纳米复合材料具有稳定的循环性能（150 次循环后约为 1205 mAh/g）和优异的倍率性能。Xie 等人也采取了类似的双静电组装策略，他们首先将柠檬酸锌固体微球与 $MnSO_4$ 溶液反应进行微球组装，之后将产物与石墨烯进行二次组装，得到的产物进行退火处理即得到最终产物 ZnO-Mn-C。[39]这种结构中，石墨烯片、金属锰和原位碳的改性可形成三维互连的导电骨架作为电子高速公路，利于循环过程中的离子或电子输运，电化学测试显示出了高达 1094 mAh/g（0.1A/g）的可逆容量和突出循环稳定性，1000 次后仍有 843 mAh/g 的比容量（2 A/g）。Chae 等人通过聚乙烯亚胺（PEI）衍生的静电调制，将 MnO_2 纳米棒和 GO（氧化石墨烯）作为导电介质和结构模板，诱导其堆积组装。[40]该材料在电流密度为 0.1、1、3 和 5 A/g 的情况下，具有 880、770、630 和 460 mAh/g 的高可逆能力。

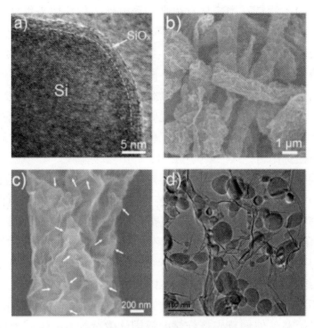

图 3.8　Si-NP-G 纳米复合材料的微观图像[38]

　　将石墨烯直接包覆在材料上，也是常见的策略，这样做的优势是直接提高活性材料导电性的同时，还保护了电极材料的微观结构。例如，Yang 等人将石墨烯纳米片够沉积在 Co_3O_4 纤维上，并通过静电相互作用形成涂层。这种独特的混合纸电极用作锂离子电池的阳极材料，表现出大的可逆比容量（约 840 mAh/g，40 次循环后）、极佳的循环稳定性和良好的速率容量。作者认为主要原因在于石墨烯支架的柔性结构以及石墨烯与 Co_3O_4 纤维之间的强相互作用，有助于提供优异的电子导电性、短的锂离子传输长度，同时弹性空间以适应锂离子插入和提取时体积的变化。[41] Zhou 等人采用简单的熔扩散策略合成了中孔碳硫复合材料（CMK-3/S），然后在水溶液中在 CMK-3/S 表面覆盖了一层薄还原氧化石墨烯薄膜。[42] 将其作为锂硫电池正极材料，其循环稳定性和倍率性能都有很大提高，在 100 次循环后仍有约 734mAh/g（0.5C）的比容量。Khan 等人通过在多孔还原氧化石墨烯包覆碳微纤维（MGC）垫上直接生长海胆型 MnO_2 纳米线，合理地合成了一种无黏结和耐用的电极，并利用 MGC 作为空气电极制备了一种水相钠-空气电池，所制备的钠-空气水电池具有低的过电位（0.7 V）和高的能量转换效率（81%）。[43]

　　石墨烯量子点也是一种应用思路。Kong 等人将功能化石墨烯量子点涂于硅纳米粒子（SiNP）表面，然后在 Ar-H_2 中进行热退火处理，得到 PF-

GQDSiNP 复合材料。[44]该材料在 50mA/g 时比容量为 4066 mAh/g，且在 100 mA/g 循环后，容量仍可以保持 3068 mAh/g。与 AF-GQD 相比，石墨烯量子点的引入创造了更宽、更精细的电子能级和明确的空间结构，加速了电子传递和电解质传输，提高了电化学性能。

3.2.2.2 超级电容器

在超级电容器中，石墨烯在电极中的主要作用还是调控导电性，为电子传输提供快速通道，因此，石墨烯在超级电容器中的应用思路与电池类似。

如 Yu 等人通过在阳离子聚乙烯亚胺（PEI）存在下原位还原剥离的氧化石墨，制备了聚合物改性石墨烯片的稳定水分散体，所得的水溶性中的石墨烯与酸氧化多壁碳纳米管进行顺序自组装，形成电极材料，其具有明确纳米孔的碳结构互联网络，用于超级电容器电极，在 1 V/s 的扫描率下显示出的比电容约为 120 F/g，同时具有近乎矩形的循环伏安图。[45]Zhang 等人在酸性条件下，用氧化石墨烯原位聚合苯胺单体，制备了化学改性的石墨烯和聚苯胺纳米纤维复合材料。这种结构具有的高电导率，作为超级电容器电极在充放电过程中具有较高的比电容和良好的循环稳定性，在电流密度为 0.1 A/g 的情况下，掺硅石墨烯复合材料的比电容高达 480 F/g。[46]

Jia 等人开发了一种简单且可扩展的方法来制造独特的石墨烯量子点（GQD）-MnO$_2$ 异质结构电极，将其用于水性超级电容器，可将电位窗口扩展到 0~1.3 V，在扫描速率为 5 mV/s 时比电容可达 1170 F/g，且 10000 次循环的容量效率为 92.7%。[47]Mondal 等人采用苯胺化学氧化法制备了石墨烯量子点掺杂聚苯胺的复合材料，在电流密度为 1 A/g 的情况下，这种材料具有优良的比电容，约为 1044 F/g。[48]

除了对电学特性进行调控，石墨烯也可以对力学性能进行调控。例如，Zhou 等人报道了一种易于成型的氮掺杂石墨烯涂层的三维纳米管结构。[49]他们首先制备了由分离的单壁碳纳米管组成的三维单壁碳纳米水凝胶（3D NCA），然后通过多巴胺的原位聚合，在制备的 3D NCA 上均匀涂覆一层薄的聚多巴胺（pDA）层。最后，通过对 pDA 包覆的 3D NCA 进行热解，得到了氮掺杂石墨烯包覆的 3D NCA。通过将其装饰在螺旋状微碳纤维上，作者制造出了一种高拉伸性（约 100% 应变）的线型超级电容器（WTSC）。该 WTSC 在拉伸应变高达 50% 的情况下，经过 10000 次拉伸释放循环后，仍能保持 91% 以上的电容。

3.3　石墨烯在储能领域存在的问题

石墨烯电池和超级电容器在过去几年中得到了快速发展，并取得了巨大的成就，但要实现其产业应用仍有许多挑战需要克服。虽然研究人员已经证明了石墨烯基电池和超级电容器的性能特征远远超过了市售的电池和超级电容器，但由于缺乏大规模生产高质量石墨烯的可行技术，限制了它们潜力的发挥。

大多数已经显示出大规模生产潜力的技术依赖于膨胀石墨的剥落或氧化石墨的还原。前者通常会导致多层石墨烯聚集成块与有限的表面积，而后一种形式的石墨烯则具有相对更低的电子导电率。此外，氧化石墨的还原仍然具有挑战性，因为它涉及复杂的程序和纯化方法，并经常使用有毒和腐蚀性化学品，会导致环境问题。

此外，在基础研究方面，也仍有许多需要解决的问题。例如，石墨烯电极的特性是由其微结构决定的，然而，精确控制石墨烯的孔隙大小和孔隙率是一个很大的技术挑战。此外，就石墨烯具体的应用方式而言，有活性材料锚定在石墨烯表面，活性材料由石墨烯片包裹，或活性材料封装在两个石墨烯单层之间等方式，但我们目前对于这些结构中哪种结构产生的石墨烯复合材料具有最好的电化学性能还没有定论，为此还需要付出更多的努力。

可以肯定的是，石墨烯因其出色的电化学性能和独特的大表面积、高电子导电性和优异的机械性能，将对储能材料和器件的开发带来更多的可能，但许多挑战仍然是存在的，特别是在以低成本大规模生产的石墨烯与控制微观结构等方面需要做更多的研究工作。

参考文献

1. G. Wang, X. Shen, J. Yao, J. Park, Graphene nanosheets for enhanced lithium storage in lithium ion batteries. *Carbon*, 2009, 47, 2049-2053.

2. Y. Li, J. Wang, X. Li, *et al.* Superior energy capacity of graphene nanosheets for a nonaqueous lithium-oxygen battery. *Chemical Communications*, 2011, 47, 9438-9440.

3. J. Zhang, B. Guo, Y. Yang, et al. Large scale production of nanoporous graphene sheets and their application in lithium ion battery. *Carbon*, 2015, 84, 469-478.

4. J. Xiao, D. Mei, X. Li, et al. Hierarchically Porous Graphene as a Lithium – Air Battery Electrode. *Nano Letters*, 2011, 11, 5071-5078.

5. Y. Wang, Z. Shi, Y. Huang, et al. Supercapacitor Devices Based on Graphene Materials. *The Journal of Physical Chemistry C*, 2009, 113, 13103 -13107.

6. D. A. C. Brownson, C. E. Banks, Fabricating graphene supercapacitors: highlighting the impact of surfactants and moieties. *Chemical Communications*, 2012, 48, 1425-1427.

7. S. R. C. Vivekchand, C. S. Rout, K. S. Subrahmanyam, A. Govindaraj, C. N. R. Rao, Graphene – based electrochemical supercapacitors. *Journal of Chemical Sciences*, 2008, 120, 9-13.

8. G. Wang, X. Sun, F. Lu, et al. Flexible Pillared Graphene – Paper Electrodes for High – Performance Electrochemical Supercapacitors. *Small*, 2012, 8, 452-459.

9. Z. Weng, Y. Su, D. W. Wang, et al. Graphene – Cellulose Paper Flexible Supercapacitors. *Advanced Energy Materials*, 2011, 1, 917-922.

10. L. T. Le, M. H. Ervin, H. Qiu, B. E. Fuchs, W. Y. Lee, Graphene supercapacitor electrodes fabricated by inkjet printing and thermal reduction of graphene oxide. *Electrochemistry Communications*, 2011, 13, 355-358.

11. Z. Fan, J. Yan, G. Ning et al., Porous graphene networks as high performance anode materials for lithium ion batteries. *Carbon*, 2013, 60, 558 -561.

12. F. Liu, S. Song, D. Xue, H. Zhang, Folded Structured Graphene Paper for High Performance Electrode Materials. *Advanced Materials*, 2012, 24, 1089 -1094.

13. X. Dong, J. Wang, J. Wang, et al. Supercapacitor electrode based on three-dimensional graphene – polyaniline hybrid. *Materials Chemistry and Physics*, 2012, 134, 576-580.

14. C. M. Chen, Q. Zhang, C. H. Huang, et al. Macroporous 'bubble' graphene film via template-directed ordered-assembly for high rate supercapacitors. *Chemical Communications*, 2012, 48, 7149-7151.

15. Y. Xu, K. Sheng, C. Li, G. Shi, Self-Assembled Graphene Hydrogel via a One-Step Hydrothermal Process. *ACS Nano*, 2010, 4, 4324-4330.

16. T. Jayalakshmi, K. Nagaraju, G. Nagaraju, Enhanced lithium storage of mesoporous vanadium dioxide (B) nanorods by reduced graphene oxide support. *Journal of Energy Chemistry*, 2018, 27, 183-189.

17. J. Luo, X. Zhao, J. Wu, *et al.* Crumpled Graphene-Encapsulated Si Nanoparticles for Lithium Ion Battery Anodes. *The Journal of Physical Chemistry Letters*, 2012, 3, 1824-1829.

18. Y. Tang, F. Huang, W. Zhao, Z. Liu, D. Wan, Synthesis of graphene-supported $Li_4Ti_5O_{12}$ nanosheets for high rate battery application. *Journal of Materials Chemistry*, 2012, 22, 11257-11260.

19. B. P. Vinayan, S. Ramaprabhu, Facile synthesis of SnO_2 nanoparticles dispersed nitrogen doped graphene anode material for ultrahigh capacity lithium ion battery applications. *Journal of Materials Chemistry A*, 2013, 1, 3865-3871.

20. I. H. Son, *J. H. Park*, *S. Kwon*, *et al.* Silicon carbide-free graphene growth on silicon for lithium-ion battery with high volumetric energy density. *Nature Communications*, 2015, 6, 7393.

21. J. Luo, L. Liu, Z. Zeng, *et al.* Three-Dimensional Graphene Foam Supported Fe_3O_4 Lithium Battery Anodes with Long Cycle Life and High Rate Capability. *Nano Letters*, 2013, 13, 6136-6143.

22. T. Hu, X. Sun, H. Sun, *et al.* Flexible free-standing graphene - TiO_2 hybrid paper for use as lithium ion battery anode materials. *Carbon*, 2013, 51, 322 -326.

23. J. Liang, Y. Zhao, L. Guo, L. Li, Flexible Free-Standing Graphene/ SnO_2 Nanocomposites Paper for Li-Ion Battery. *ACS Applied Materials & Interfaces*, 2012, 4, 5742-5748.

24. G. Hu, C. Xu, Z. Sun, *et al.* 3D Graphene-Foam - Reduced-Graphene -Oxide Hybrid Nested Hierarchical Networks for High-Performance Li - S Batteries. *Advanced Materials*, 2016, 28, 1603-1609.

25. R. Tian, Y. Zhang, Z. Chen, *et al.* The effect of annealing on a 3D SnO_2/ graphene foam as an advanced lithium-ion battery anode. *Scientific Reports*, 2016, 6, 19195.

26. H. Shi, X. Zhao, Z. S. Wu, *et al.* Free-standing integrated cathode derived from 3D graphene/carbon nanotube aerogels serving as binder-free sulfur

host and interlayer for ultrahigh volumetric‐energy‐density lithiumsulfur batteries. *Nano Energy*, 2019, 60, 743‐751.

27. L. Lu, J. T. M. De Hosson, Y. Pei, Three‐dimensional micron‐porous graphene foams for lightweight current collectors of lithium‐sulfur batteries. *Carbon*, 2019, 144, 713‐723.

28. C. Long, T. Wei, J. Yan, L. Jiang, Z. Fan, Supercapacitors Based on Graphene‐Supported Iron Nanosheets as Negative Electrode Materials. *ACS Nano*, 2013, 7, 11325‐11332.

29. Y. He, W. Chen, X. Li, *et al*. Freestanding Three‐Dimensional Graphene/MnO_2 Composite Networks As Ultralight and Flexible Supercapacitor Electrodes. *ACS Nano*, 2013, 7, 174‐182.

30. G. Yu, L. Hu, N. Liu, *et al*. Enhancing the Supercapacitor Performance of Graphene/MnO_2 Nanostructured Electrodes by Conductive Wrapping. *Nano Letters*, 2011, 11, 4438‐4442.

31. X. Wang, Y. Zhang, C. Zhi, *et al*. Three‐dimensional strutted graphene grown by substrate‐free sugar blowing for high‐power‐density supercapacitors. *Nature Communications*, 2013, 4, 2905.

32. S. Chen, J. Zhu, X. Wu, Q. Han, X. Wang, Graphene Oxide‐MnO_2 Nanocomposites for Supercapacitors. *ACS Nano*, 2010, 4, 2822‐2830.

33. S. D. Perera, M. Rudolph, R. G. Maruano, *et al*. Manganese oxide nanorod‐graphene/vanadium oxide nanowire‐graphene binder‐free paper electrodes for metal oxide hybrid supercapacitors. *Nano Energy*, 2013, 2, 966‐975.

34. A. Ramadoss, K. Y. Yoon, K. J. Kwak, *et al*. Fully flexible, lightweight, high performance all‐solid‐state supercapacitor based on 3‐Dimensional ‐graphene/graphite‐paper. *Journal of Power Sources*, 2017, 337, 159‐165.

35. S. Khamlich, Z. Abdullaeva, J. V. Kennedy, M. Maaza, High performance symmetric supercapacitor based on zinc hydroxychloride nanosheets and 3D graphene‐nickel foam composite. *Applied Surface Science*, 2017, 405, 329‐336.

36. L. Manjakkal, C. G. Núñez, W. Dang, R. Dahiya, Flexible self‐charging supercapacitor based on graphene‐Ag‐3D graphene foam electrodes. *Nano Energy*, 2018, 51, 604‐612.

37. B. Lung‐Hao Hu, F. Y. Wu, C. T. Lin, A. N. Khlobystov, L.‐J. Li,

Graphene – modified $LiFePO_4$ cathode for lithium ion battery beyond theoretical capacity. *Nature Communications*, 2013, 4, 1687.

38. X. Zhou, Y. X. Yin, L. J. Wan, Y. G. Guo, Self – Assembled Nanocomposite of Silicon Nanoparticles Encapsulated in Graphene through Electrostatic Attraction for Lithium–Ion Batteries. *Advanced Energy Materials*, 2012, 2, 1086–1090.

39. Q. Xie, P. Liu, D. Zeng, *et al.* Dual Electrostatic Assembly of Graphene Encapsulated Nanosheet–Assembled ZnO–Mn–C Hollow Microspheres as a Lithium Ion Battery Anode. *Advanced Functional Materials*, 2018, 28, 1707433.

40. C. Chae, K. W. Kin, Y. J. Yun, *et al.* Polyethylenimine – Mediated Electrostatic Assembly of MnO_2 Nanorods on Graphene Oxides for Use as Anodes in Lithium – Ion Batteries. *ACS Applied Materials & Interfaces*, 2016, 8, 11499 –11506.

41. X. Yang. K. Fan, Y. Zhu, *et al.* Electric Papers of Graphene – Coated Co_3O_4 Fibers for High–Performance Lithium–Ion Batteries. *ACS Applied Materials & Interfaces*, 2015, 5, 997–1002.

42. X. Zhou, J. Xie, J. Yang, *et al.* Improving the performance of lithium – sulfur batteries by graphene coating. *Journal of Power Sources*, 2013, 243, 993 –1000.

43. Z. Khan, S. Park, S. M. Hwang *et al.*, Hierarchical urchin–shaped α– MnO_2 on graphene – coated carbon microfibers: a binder – free electrode for rechargeable aqueous Na – air battery. *NPG Asia Materials*, 2016, 8, e294–e294.

44. K. Lijuan, Y. Yongqiang, L. Ruiyi, L. Zaijun, Phenylalanine – functionalized graphene quantum dot – silicon nanoparticle composite as an anode material for lithium ion batteries with largely enhanced electrochemical performance. *Electrochimica Acta*, 2016, 198, 144–155.

45. D. Yu, L. Dai, Self–Assembled Graphene/Carbon Nanotube Hybrid Films for Supercapacitors. *The Journal of Physical Chemistry Letters*, 2010, 1, 467–470.

46. K. Zhang, L. L. Zhang, X. S. Zhao, J. Wu, Graphene/Polyaniline Nanofiber Composites as Supercapacitor Electrodes. *Chemistry of Materials*, 2015, 22, 1392–1401.

47. H. Jia, Y. Cai, J. Lin, *et al.* Heterostructural Graphene Quantum Dot/ MnO_2 Nanosheets toward High–Potential Window Electrodes for High–Performance Supercapacitors. *Advanced Science*, 2018, 5, 1700887.

48. S. Mondal, U. Rana, S. Malik, Graphene quantum dot-doped polyaniline nanofiber as high performance supercapacitor electrode materials. *Chemical Communications*, 2015, 51, 12365-12368.

49. G. Zhou, N. R. Kim, S. E. Chun, *et al.* Highly porous and easy shapeable poly-dopamine derived graphene-coated single walled carbon nanotube aerogels for stretchable wire-type supercapacitors. *Carbon*, 2018, 130, 137-144.

第四章　石墨烯材料在纺织领域中的应用研究进展

　　石墨烯是一种由碳原子以 sp2 杂化方式结合形成的单原子层厚度的二维碳纳米材料。石墨烯具有优异的光学、电学、力学特性，在材料学、微纳加工、能源、生物医学和药物传递等性能优势，被认为是一种未来革命性的材料。[1]石墨烯纤维材料是以石墨烯为主要结构基元沿某一特定方向组装而成或由石墨烯包覆纤维状基元形成的宏观一维材料。作为一维的石墨烯宏观聚集体，在其轴向上充分发挥了石墨烯轻质、高强度、高电导率、高热导率等优异性质。根据组成基元的不同，刘忠范院士将石墨烯纤维材料分为石墨烯纤维和石墨烯包覆复合纤维。[2,3]石墨烯纤维是指以沿轴向紧密、有序排列的石墨烯基元为主体构筑的宏观组装材料。因此，理论上，它具有比碳纤维更加优异的导电、导热和力学性能。自浙江大学高超课题组制备出石墨烯纤维后，[4]市面上出现了很多制备石墨烯功能纤维及石墨烯纺织品的方法，并就石墨烯纤维在能量转换、能量储存、传感响应等诸多方面进行了大量的研究与应用。

4.1　石墨烯功能纤维及纺织品的制备方法

4.1.1　石墨烯纤维的制备方法

　　石墨烯纤维通常是以氧化石墨烯作为前驱体，通过湿法纺丝从溶液相中挤出成丝，然后经过水洗、拉伸、干燥、还原等步骤制备而成。通过调整纺丝工艺可获得不同形貌的石墨烯纤维（如中空、螺旋、多孔、带状）。在湿法纺丝的基础上，研究者们又开发了干法纺丝、限域水热法、薄膜加捻法、电泳沉积法等一系列制备石墨烯纤维的方法。但是经过还原后，石墨烯纤维表面会存在裂痕、褶皱等缺陷结构，对石墨烯的电学、热学等性能有较大损伤。因此，有学者通过将石墨烯与其他已成型的纤维状基元通过一定的方式复合得到石墨烯包覆纤维。

4.1.1.1　液晶相溶液湿法纺丝

湿法纺丝是制备化学纤维的主要方法之一，首先要制备纺丝原液。由于石墨烯不易分散于水或者其他有机溶剂中，难以制备纺丝原液，因此，无法以石墨烯为原料通过湿法纺丝来制备纤维。氧化石墨烯（GO）作为石墨烯的一种重要前驱体，能够很好地在极性溶剂（比如水）中分散，因此，有望通过湿法纺丝来制备纤维。浙江大学高超团队于 2011 年首先配制液晶态 GO 水溶液，以氢氧化钠–甲醇溶液为凝固浴，通过湿法纺丝获得 GO 纤维，最后经过化学还原得到石墨烯纤维，这是利用湿法纺丝技术制备石墨烯纤维的首次报道。此外，东华大学朱美芳团队通过配制非液晶态 GO 水溶液来实现高浓度的纺丝原液从而提高纤维产率，纺丝原液的浓度（质量分数）可达 2%，然后经过相似的湿法纺丝工艺和氢碘酸还原获得石墨烯纤维。[5]

4.1.1.2　可控限域水热法

北京理工大学曲良体课题组报道了一种模板水热法制备石墨烯纤维的方法，[6]首先将 GO 的分散液注入到玻璃管道中，密封两端后在 230 ℃下水热处理 2 h，形成连续的石墨烯纤维，石墨烯纤维的结构可以通过控制 GO 分散液的浓度和玻璃管内径来调节。为了增加水热法制备的石墨烯纤维的长度，新加坡国立大学陈元课题组对以上方法进行了改进，[7]用柔性耐高温的熔融石英毛细管柱代替脆性的玻璃管，将含有乙二胺的 GO 分散液注入其中并保持一段密封，置于 220 ℃炉子中水热处理 6 h，用氮气挤出形成纤维，干燥后收集得到石墨烯纤维。这种改进方法可以获得足够长的纤维，但仍然需要很长的反应时间，无法连续制备石墨烯纤维。

4.1.1.3　膜辅助组装法

朱美芳课题组采用电化学模板法制备得到了具有中空结构的石墨烯纤维，[8]铜丝作为模板，采用三电极法，GO 片在电化学和模板的双重诱导作用下不断沉积在铜丝表面，同时被还原，随后在 $FeCl_3$ 溶液中刻蚀去除铜丝，得到具有取向结构的石墨烯中空纤维。控制模板的直径、长度以及电化学沉积的时间可以实现中空纤维的可控制备，得到的石墨烯中空纤维具有优异的柔性和导电性。青岛大学刘敬权课题组借助喷射沉积手段，也制备了一种石墨烯纤维，[9]通过在丝纤维表面沉积 GO 溶液，经氢碘酸处理，不仅使得 GO 得到还原，同时去除了丝纤维模板，得到中空的石墨烯纤维。

不同的制备方法所得的石墨烯纤维性能不同。受传统的纺丝方法的影响，液晶纺丝、湿法纺丝和静电纺丝所纺制的纤维本身的性能就具有一定的差异。不同的填料对石墨烯纤维的拉伸性能及导电率有着不同的影响。此外电泳组装法、膜收缩法等方法被广泛地用于石墨烯纤维的制备。为了在保留石墨烯优良性质的前提下，通过 CVD 技术可避免传统纺丝过程中 GO 还原问题，有助于实现大批量制备石墨烯纤维。

4.1.1.4　模板法

在利用 CVD 法制备石墨烯的过程中，碳在热力学上倾向于形成二维结构，很难直接形成纤维状的石墨烯材料，这增加了 CVD 法直接生长石墨烯纤维的难度。因此，石墨烯纤维的制备通常需要借助纤维状模板以实现对石墨烯宏观一维结构的调控。在石墨烯生长完成后，通过刻蚀等方法去除模板即可得到石墨烯纤维。相较于传统制备方法，CVD 模板法在一定程度上可以提升制备的石墨烯纤维的质量，简化制备工艺。

4.1.1.5　二次生长法

以碳基纤维为模板在其表面二次生长石墨烯，可避免模板刻蚀处理，同时高温会促进碳基模板的石墨化，最终可实现 CVD 体系中石墨烯纤维的直接制备。将纺丝技术与 CVD 法结合制备得到的三维石墨烯纤维在一定程度上简化了石墨烯纤维的制备工艺，避免了湿法后处理过程造成的纤维力学性能的下降。但与理想的石墨烯纤维相比，该方法制备的石墨烯纤维在导电、导热性能方面还存在一定的差距。

4.1.1.6　薄膜提拉法

CVD 制备的石墨烯薄膜由于独特的共轭结构和疏水特性可通过提拉的方法使其组装成纤维材料，可提升石墨烯纤维的导电性。但在薄膜自组装过程中，石墨烯纤维表面会产生大量褶皱。这些褶皱一方面赋予了纤维丰富的孔状结构，另一方面也影响了石墨烯纤维结构的致密性，使得制备的石墨烯纤维拉伸强度较差。除此之外，纤维提拉步骤可控性差、制备效率低，极大地限制了石墨烯纤维的规模化制备。

4.1.2 石墨烯功能纺织品的制备方法

4.1.2.1 直接浸轧法

直接浸轧法不仅整理效果较好，对织物各项性能损伤较小，而且操作简单，适宜大批量工业化生产。采用直接浸轧法主要是因为石墨烯不易分散于水或者其他有机溶剂中，因此，一般采用氧化石墨烯进行浸渍，然后将其还原制备石墨烯功能织物，如纯棉织物进行氧化石墨烯表面改性处理，所得氧化石墨烯改性棉织物不仅热稳定性能明显提高，而且具有良好的光催化性能和抑菌性能。[10]将涤纶织物浸泡于氧化石墨烯溶液中，然后以连二亚硫酸钠作为还原剂，制备得到石墨烯改性涤纶织物，并进一步比较了不同浸泡次数和氧化还原介质对石墨烯改性涤纶织物各项性能的影响；其结果表明，经还原处理后，石墨烯改性涤纶织物不仅电阻大幅度下降，导电性能明显改善，而且各项电化学性能优异，在智能服装和超级电容器等领域表现出了良好的应用前景。[11]

4.1.2.2 喷涂法

相比于直接浸轧法，喷涂法可以明显减少原材料用量，降低生产成本，因此，在新型纺织产品开发中有大量的应用。例如，安徽理工大学王艳芬等将纳米二氧化钛与石墨烯复合涂层非织造布应用于口罩的加工，开发了一种具有抑菌防臭功能的新型口罩。[12]北京航空材料研究院益小苏等以低面密度的非织造布作为功能载体，负载石墨烯涂层以制备复合导热薄膜，然后利用插层法与常规碳纤维复合材料叠层固化成形，得到高导热、高韧性的结构复合材料。[13]在电化学领域，中国科学院兰州化学物理研究所 Xingbin Yan 等人则首先在棉织物表面喷涂干燥氧化石墨烯，然后经退火处理，得到柔性石墨烯织物电极，促进了石墨烯材料在棉织物超级电容器领域的应用。[14]综上可知，喷涂法简单易行，操作方便，在石墨烯功能纺织品开发及相关领域应用中具有广阔的前景。

4.1.2.3 复配液整理法

所谓复配液整理法是指首先制备含有两种或两种以上成分的纺织品整理液，然后通过物理或化学的方法对纺织品进行整理，制备功能纺织品。目前的研究热点主要集中在如何将无机纳米材料与有机聚合物基体相结合，并用于织物整理。陕西科技大学吕生华等首先对氧化石墨烯进行氨基化改性，然后与多种功能性物质复配，得到氨基改性氧化石墨烯复配液，明显改善丝织物的光泽效果、滑爽柔软性能、抗静电性能和阻燃性能。[15]青岛大学曲丽君课题组[16]则直接将石墨烯溶液振荡分散后加入水溶性聚氨酯溶液,通过优化石墨烯与水性聚氨酯的添加比例,得到可用于纺织品整理的石墨烯聚氨酯复配液,以改善纺织面料的防紫外线性能和防静电性能。[16]此外,还有研究用聚苯乙烯对石墨烯进行功能处理,以改善芳纶织物的摩擦性能,并作为相关纺织复合材料的前驱体。[17]复配液整理法应用于石墨烯功能纺织品的关键在于保证石墨烯和有机物基体之间的相容性,制备得到分散性和稳定性良好的石墨烯复配液。

4.1.2.4　交联改性法

交联剂改性处理可以在线型分子间起到架桥作用,使多个线型分子相互键合交联成网络状结构,促进大分子官能基团之间的结合,改善纺织品功能整理效果。中国科学院上海应用物理研究所李景烨等以吸附有交联剂的织物为滤布,以过滤的方式使氧化石墨烯的水溶液透过滤布,制得同时含有交联剂和氧化石墨烯的织物;然后用辐射交联法或热交联法在织物表面引发交联聚合反应,得到氧化石墨烯抗菌织物。[18]此外,有学者进一步比较了氧化石墨烯应用于纺织品整理时,直接吸附法、辐射交联法和化学交联法的整理效果,并优化了不同处理方法的处理工艺。[19]交联改性法操作简单,成本低廉,且氧化石墨烯用量较少,可适用于大规模工业化生产。

4.1.2.5　紫外光固化法

紫外光固化法一般利用紫外光照射产生辐射聚合、辐射交联和辐射接枝等反应,反应过程较快,温度较低,节省能源,无污染。近年来,紫外光固化技术在许多领域得到广泛应用。如加拿大滑铁卢大学的 WILLIAMS G 等利用紫外光固化技术还原氧化石墨烯,得到纳米二氧化钛-石墨烯复合材料。[20]在纺织品功能整理方面,江南大学王潮霞等首先通过超声波法制备稳定分散的氧化石墨烯溶液,并均匀涂覆于经紫外光以及羟基羧基处理液改性处理后的纤维素织物表面,得到氧化石墨烯涂层纤维素织物。然后利用紫外光固化还原作用,使织物表面的氧化石墨烯还原,得到石墨烯改性纤维素织物。[21]紫外固化技术应用于石墨烯功能纺织品制备操作简单,效率较高,且处理过程无须添加还原剂和化学助剂,低碳环保,应用前景良好。

4.1.2.6　化学气相沉淀法

化学气相沉淀法是指以甲烷等含碳化合物为前驱体,通过高温加热,使其在金属基体表面分解生成热解碳,重新排列成核而生长形成石墨烯。清华大学

Hongwei Zhu 等以金属铜网为基体，利用化学气相沉淀法，在铜网表面生长石墨烯，去除铜网制备得到石墨烯织物。[22] 所得石墨烯织物不仅具有石墨烯材料的优异性能，而且韧性良好，强度较高，在柔性超级电容器和触摸感应屏等领域显示了良好的应用前景。化学气相沉淀法制备的石墨烯织物电导率较高，结构完整，且织物形态和厚度可控，在微电子等高新技术领域应用前景广阔。但是，化学气相沉淀法制备石墨烯织物温度较高，过程复杂，限制了其在传统纺织服装领域的应用。

4.1.2.7　其他制备方法

随着对石墨烯材料应用于纺织品整体研究的深入，新的处理改性方法不断出现。例如，电泳沉积技术可以利用胶体粒子在电场作用下的定向移动，有效沉积大量微纳米材料。随着相关学科的发展和人们对石墨烯材料关注度的不断提高，制备石墨烯功能纺织品的方法日益增多，为新型石墨烯功能纺织品的开发及其工业化生产提供了有利条件。

4.2　石墨烯功能纺织品

石墨烯独特的二维结构赋予其极其优异的性能，使其在各个领域的应用都十分广泛。石墨烯在纺织上的应用主要是制备各种功能性纺织品，如导电、电磁屏蔽、电加热、抗菌、疏水、传感、阻燃、散热等纺织品。

4.2.1　石墨烯导电织物

4.2.1.1　石墨烯导电织物的应用

一般传统纺织品具有绝缘特质，导电性能差限制了纺织品在很多领域上的应用。具有优异导电性能的石墨烯与纺织品结合，可获得导电纺织品，进而用于柔性可穿戴电子器件或智能服装等。Gizem 等将石墨烯纳米粉体与特定浆料混合，用涂膜机在涤纶机织物上涂覆石墨烯，这种方法制得的纺织品石墨烯涂层厚度可控，电阻最低可达 $2.3 \times 10^4 \Omega/sq$，且具有优异的耐磨损性能。[23] 考虑到石墨烯不易分散，需要借助化学助剂，而化学助剂的除去需要高温和化学处理的问题，Ehsan 等首次提出了分散石墨烯并低温去除溶剂的方法，他们将石墨烯装入含有丙酮和水的小瓶子中进行超声处理，然后离心取上清液用于织物涂覆，织物中所含溶剂在 100 ℃ 干燥后即可去除，该方案在提高织物导电性能的同时也解决了石墨烯均匀分散的难题。[24]将氧化石墨烯用水合肼部分还原为石墨烯水溶胶，然后对玻璃纤维经过反复的溶胶凝胶和浸渍涂层处理后，玻璃纤维完全被还原性氧化石墨烯涂层覆盖，从而表现出较高的疏水性和导电性，其导电性为 24.9 S/cm，高于其他纳米碳素包覆纤维和商用碳纤维。[25]Vahid 等将聚酯织物浸渍于氧化石墨烯水溶液中，然后利用 $SnCl_2$ 增加了石墨烯与纤维之间的附着力，此时 $SnCl_2$ 既作为交联剂又作为还原剂使得氧化石墨烯变成还原性氧化石墨烯，所获得织物最低电阻为 3.5×10^3 Ω/sq。[26]碳-碳结构的不完整性使氧化石墨烯和还原性氧化石墨烯的导电性能大大降低，利用碳纳米管、聚吡咯或者金属纳米颗粒（铜、镍、银等）与石墨烯协同作用可进一步增加织物导电性。

4.2.1.2　影响导电效果的因素

影响导电织物导电效果的因素有导电物质吸附的多少、均匀性、与织物之间的牢度，还有织物的组织结构等。其中，导电物质吸附得越多、越均匀，导电织物的导电效果变得较好，导电物质牢度越好，洗涤或摩擦后的导电性越高。织物的组织结构对导电的效果也有一定的影响。针织物纱线弯曲成圈并相互串套在一起。织物在沿线圈纵向发生变化时，纱线电阻、纱线间接触电阻和线圈纱段的转移都会影响织物电阻。与金属导体电阻定律（4.1）相一致，织物电阻与织物拉伸应变呈正相关，当拉伸应变增加时，织物长度变大，横截面积 A 减小，从而导致整个织物电阻 R 变大。

$$R = \rho \frac{L}{A} , \tag{4.1}$$

（式中 R、、L、A 分别代表电阻、电阻率、长度、横截面积）

机织物是由两组纱线即经纱和纬纱纵横交织成的织物，其经纱或纬纱是由若干单丝或复合丝加捻形成的。从单纯的电路角度来看，导电纱线的电阻可以看作由构成它的若干根导电纤维形成的并联电路。对于由导电纱形成的织物而言，当每根导电经纱或纬纱的头部相连，尾部也都相连时，即导电纱线的经纱或纬纱形成并联方式时，这样的导电纱形成的织物成为并联式机织物。当机织物中第一根导电经纱或纬纱与第二根经纱或纬纱的尾部相连，第二根导电经纱或纬纱的头部与第三根经纱或纬纱头部相连，第三根导电经纱或纬纱的尾部与第四根经纱或纬纱的尾部相连时，以此类推，以这样的方式连接的导电纱形成的织物称为串联式机织物。

4.2.2 紫外线防护织物

20世纪20年代以来，工业发展对环境造成了一系列污染和破坏，其中，碳氟系溶剂和氟利昂的大量使用使地球臭氧层遭受严重破坏，到达地球表面有害紫外线不断增加。臭氧层每受到1%破坏，抵达地球表面的有害紫外线将增加2%左右，阳光中UVB（户外紫外线）可透过大气臭氧层，对人体皮肤造成伤害。过量紫外线辐射会使皮肤晒伤、变黑甚至引起组织病变。

4.2.2.1 石墨烯紫外防护织物的应用

氧化石墨烯还原后的产物可吸收高能量短波紫外线，并将其转化为荧光、磷光或者热能释放出去，同时对长波紫外线产生反射作用，且无毒无害。纺织品受阳光中的紫外线作用后，可能导致纺织品颜色发黄，机械强度降低。因此，纺织品的防紫外线性能也是十分重要的。石墨烯是通过紫外吸收和紫外反射两种作用屏蔽紫外线的，石墨烯在281nm左右出现吸收峰，因此，可以吸收波长小于281nm的紫外线，而对于波长大于281nm的紫外线，具有二维结构的石墨烯主要通过反射来屏蔽。[27]真丝织物由于色氨酸和酪氨酸残基的自由基光氧化作用吸收阳光中的紫外线，导致黄色产物的形成使织物变黄。石墨烯改性丝织物的紫外线防护系数（UPF）一般随石墨烯含量增加而增加。[28]用石墨烯沉积在棉织物上，其UPF可由7.8增加到442.7，且经10次洗涤后，紫外防护性能几乎没有变化。[29]石墨烯改性涤纶织物的报道也相继出现。B. Ouadil等研究了氧化石墨烯、石墨烯、石墨烯-Ag对涤纶织物紫外防护性能的影响，三者对织物的紫外防护性能都起到积极作用，防护效果排序为氧化石墨烯<石墨烯<石墨烯-Ag。[30]Kale等将石墨烯-TiO_2引入到涤纶织物上，其UPF可达148.2，是原始织物的3.5倍左右，这种性能经洗涤处理后仍能保持。[31]另外，Song等利用丝[32]网印刷制备的石墨烯-WPU织物，UPF更是高达757，是普通棉织物的98倍。

4.2.2.2 影响石墨烯紫外防护效果的因素

普通纺织品防紫外线的能力与纤维材料、织物厚度、紧密度、重量、颜色等有关。防紫外线纺织品的作用机理有吸收作用和反射作用，相应地紫外线遮蔽剂有吸收剂和反射剂（或称散射剂）两类。吸收剂和反射剂可单独使用，也可混用。紫外线反射剂主要是利用无机微粒的反射和散射作用，可起到防紫外线透过的作用。紫外线吸收剂，主要利用有机物质吸收紫外光，并进行能量转换，以热能形式或无害低能辐射形式将能量释放或消耗。用适当的防紫外线方法处理纺织品，无论是什么纤维材料的织物（如棉织物），都可达到良好的抗紫外线效果，而织物的厚度、色泽等因素对防紫外线性能的影响可忽略。

纤维种类不同，其紫外线防护系数也不同。聚酯、羊毛纤维等比棉、黏胶纤维的紫外线防护系数大，因聚酯结构中的苯环和羊毛蛋白质分子中的芳香族氨基酸，对波长小于 300nm 的光都具有很强的吸收能力。棉织物抗紫外线的能力相对较差，是紫外线最易透过的面料。

影响紫外线透过量的主要因素是织物的紧密度。织物的紧密度越高，经纬密度越高，覆盖度就越高，透射率越低。织物的多孔性或开孔性是影响紫外透过率通过的一个关键参数。Crews 等人发现，纺织品的多孔性是紫外透过率通过未染色织物的最好预报因素。

用于织物着色的染料，可以对织物 UPF 产生很大的影响。为了得到良好色泽，染料必须选择性地吸收可见光辐射。对某些染料，吸收带伸展到紫外光谱区域，起着吸收剂的作用，这些染料会增加织物的 UPF 值。而每种染料的紫外吸收性质是独特的。然而，对同一种织物结构和染料，较深的色泽通常会增大织物的 UPF 值。黑、海军蓝和深绿等颜色能显著改善织物的 UPF 值，而浅色对织物的 UPF 值只有微小的改善。

4.2.3　超疏水织物

4.2.3.1　石墨烯超疏水织物的应用

氧化石墨烯表面的含氧官能团赋予其亲水性，但其中心部分是碳-碳键赋予其疏水性，亲水区域和疏水区域具有从边缘到中心的分布特性，利用此种特性可以生产黏附型疏水性织物。Tissera 等在棉织物上沉积大量氧化石墨烯，氧化石墨烯沉积量越多，疏水性能越好，疏水角最大可达 143°。[33]将氧化石墨烯还原，使其碳-碳结构更加完整，可增加疏水性，另外与其他疏水性物质结合可制备超疏水性织物。据相关报道，氧化石墨烯分散体浸轧-干法涂层经化学还原后再与三甲基氯硅烷反应，可将高度吸水的绝缘体棉织物转化为具有超疏水性的纺织基导体。[34]Li 等直接在涤纶织物上沉积氧化石墨烯，再经过一步法热液还原，将疏水角由 47.42°提高到 160.85°。[35]

4.2.3.2　影响疏水效果的因素

对于疏水表面，判断固体表面的润湿效果时，一般引入接触角和动态滚动角的概念来进行衡量。滚动角是指液滴在固体表面发生滚动现象所需要的最小倾斜角。超疏水性作为浸润性的一种极端性质，指材料表面与水的接触角

（θ）大于150°，同时滚动角小于10°。常见的湿润现象涉及液、固、气三相及三相界面，但是液固气三相界面处的实际情况十分复杂。为了简化界面处的问题，众多学者研究出了几种理论模型：Young 方程、Wenzel 模型和 Cassie-Baxter 模型（如图4.1所示）。[36,37]

英国科学家 Thomas Young 对表面光滑、化学组成均一的刚性固体表面上的液滴进行研究，提出了 Young 方程：

$$\cos\theta c = \frac{\gamma SG - \gamma SL}{\gamma LG},$$

式中 γSG、γSL、γLG 分别代表固-气、固-液、液-气界面张力。θc 是在固、液、气三相交界处，自固体界面经液体内部到气液界面的夹角。

Young 方程是一个理想化的模型，只适用于理想光滑、结构单一的固体表面，而实际上固体表面大多是粗糙的、有缺陷的。

假设粗糙表面具有凹槽和凸起结构，如果水滴与固体表面保持接触，并完全渗入表面凹槽中则适用于 Wenzel 模型，如果每个凹槽内留有空气，水滴悬浮在固体表面凹凸槽上则适用于 Cassie-Baxter 模型。这两个公式都可以反映出表面疏水时，表面粗糙度越高，疏水性越强。[38-40] 所以为了达到超疏水的目的，一般采取对低表面能材料进行粗糙化的方式或者在粗糙材料表面修饰低表面能物质。

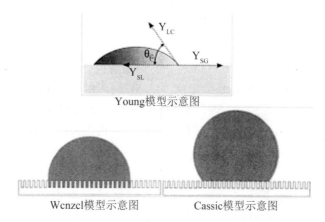

Young模型示意图

Wcnzcl模型示意图　　　　Cassic模型示意图

图4.1　液、固、气三相及三相界面液滴的理论模型

4.2.4　抗菌织物

抗菌织物既能防止微生物的侵蚀导致织物受损，又能阻止致病菌在纺织品中的繁殖和传播，减少疾病的发生。作为碳基材料，石墨烯、氧化石墨烯以及还原氧化石墨烯由于其独特的物理化学特性在制备抗菌织物方面具有广泛的应用前景。

对于石墨烯材料的抗菌机理，目前主要有这4种解释：1）当细菌细胞与石墨烯及其衍生物接触时，石墨烯及其衍生物锋利的片层边缘会划伤细菌细胞膜，从而使细胞内容物流出，导致细菌死亡，石墨烯与细菌接触的方向角度会影响杀菌性能；2）石墨烯及其衍生物可以通过氧化应激作用将谷胱甘肽氧化，使活性氧含量增高，并将脂肪酸氧化，导致脂质过氧化物的生成，刺激自由基反应，使生物膜遭到破坏后裂解死亡；3）石墨烯及其衍生物可以吸附在细菌细胞表面并将其完全覆盖，从而使细胞与生存环境隔离开，阻止细菌增殖；4）石墨烯及其衍生物在接触到细菌细胞膜后可以插入磷脂双分子层中，并将磷脂分子抽离，从而破坏细胞膜结构使细菌死亡。[41]

4.2.4.1　石墨烯抗菌织物的应用

GO 具有抑制细菌的作用，同时 GO 还可以吸附或者结合抗菌材料，因此，将 RGO 和聚合物等混合制成的混合纤维具有良好的抗菌性，常用物理共混（如纺丝法等）法实现。[42] 如采用静电纺丝的手段制备丝素蛋白（SF）-GO 混合纳米纤维，对得到的纤维进行性能测试，发现大肠杆菌和金黄色葡萄球菌在纯 SF 纳米纤维上可以良好生长，细菌的存活率分别达到（83.9±7.0)% 和（89.3±4.8)%，但是在 SF-GO 纳米纤维上的存活率只有（35.7±3.6)% 和（41.6±0.3)%；同时试验用 3-（4, 5-二甲基-2-噻唑）-2, 5-二苯基溴化四唑溴化法（MTT）分析纳米纤维素上的细菌活性，在 SF-GO 纳米纤维素上培养 7d 的细胞与纯 SF 纳米纤维相比，纯 SF 纳米纤维具有明显的增殖特性，即 GO 的共混可以提高 SF 纳米纤维的抗菌活性和生物相容性，表明研究中开发的混合纳米纤维可能在伤口敷料应用方面具有相当大的潜力。[43]

4.2.4.2　影响抗菌效果的因素

2010 年，Huang 和 Fan 等首次将石墨烯材料应用于抑制大肠杆菌的研究；[44] Akhavan 和 Gha-deri 也在同一时期研究了石墨烯材料对细菌的抑制效果，并且详细阐述了相关机理。[45] 从此，石墨烯逐渐成为生物抗菌领域的研究热点。作为石墨烯衍生出来的产物，氧化石墨烯相比其他碳基材料的巨大优势在于不管是单层或多层氧化石墨烯都有更加优异的水分散性和胶体稳定性，这类性质使得氧化石墨烯在生物医学领域获得极大认可。

根据石墨烯的抗菌机理，由于石墨烯材料本身受其所具有的物理化学性质的影响，比如形态、大小、厚度、表面结构等，使得其在灭菌方面的效果相差较大。表4.1总结了石墨烯材料的抗菌影响因素及其效果。

表4.1 石墨烯材料的抗菌影响因素

影响因素	影响效果
尺寸	尺寸越大，吸附能力越强，更高的表面能；尺寸越小，缺陷越多，越容易穿过细胞膜，抗菌活性越强
层数	层数越多，厚度越大，削弱了纳米刀的影响，石墨烯材料边缘的锋利度下降；层数越少，越容易破坏细胞膜
形状	边缘越锋利，角越多，能量势垒就越低，越有利于发挥"纳米刀"作用，更容易破坏细胞膜
表面改性	表面团聚减少石墨烯与微生物的接触机会；表面含氧基共价键的影响；表面能越高，吸附性越强
集聚与扩散	高表面能易引起集聚；石墨烯集聚后降低分散性、吸附能力、改变石墨烯材料薄片的作用、降低与微生物的接触率，进一步降低灭菌活性

4.3 石墨烯可穿戴设备

4.3.1 石墨烯应变传感可穿戴设备

4.3.1.1 应变传感设备的原理及制备方法

应变传感器的工作机理在于导电材料在变形过程中电阻的变化，这种变化可以用电子测量系统很容易地测量出来。石墨烯材料的电阻变化主要归因于内在电阻率变化对变形和几何参数的变化。因此，石墨烯应变传感器的机理有固有电阻的变化和接触电阻（Rc）的变化。[46]

以氧化还原石墨烯（RGO）作为导电物质制备的织物基应变传感器不仅导电性好，还具有良好的机械性能，可以跟踪各类型的人体运动。氧化石墨烯还原成RGO的方法主要有化学还原和热还原法（图4.2）。化学还原是将织物基材充分浸渍在 GO 的水溶液中，在干燥之后通过还原剂使织物上的 GO 还原成 RGO；[47]热还原的方式需要先对织物进行预处理，从而使 GO 涂层附着在表面，然后热压还原，得到 RGO，这种方法避免了化学还原剂的使用。[48]

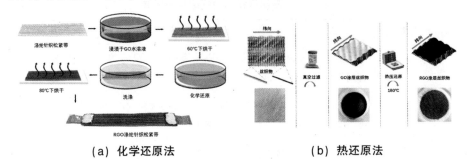

(a) 化学还原法　　　　　　　　(b) 热还原法

图 4.2　还原法制备 RGO 导电织物

4.3.1.2　应变传感可穿戴设备的应用

手势识别广泛应用于手语识别（SLR）、人机交互（HMI）、虚拟现实（VR）等领域，实现人与计算机的自然交互，尤其是帮助残疾人通过手语进行信息的交流。手势可以分为静态手势和动态手势。静态手势是根据手的形状来描述的，而动态手势通常是根据手的运动来描述的。石墨烯应变传感器既可以通过识别某一时刻观察到手的位置、方向和弯曲的特定组合来进行静态手势识别，还可以识别很短的时间跨度内通过手指关节动作连接起来的一系列手势进行动态手势识别。[49]图 4.3 利用石墨烯应变传感器制备数据手套，在一定拉伸条件下电阻和拉伸长度表现出良好的线性，在进行各种手势的条件下，保持施加传感器上的恒定电流，通过电阻变化监测手指的运动和姿势。

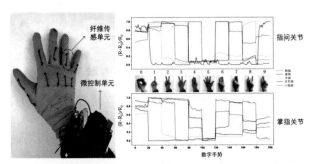

图 4.3　缝有 RGO 涂层纤维的手套传感器

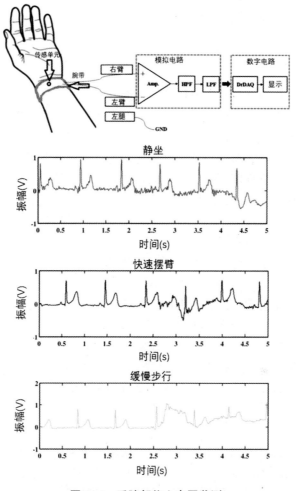

图4.4 手腕部位心电图监测

心电图（ECG）是一种被广泛接受的传递心脏电传导系统信息的方法，它已被用来表征心脏状况和诊断心血管疾病，判定心肌细胞的损伤以及药物对心脏的影响。现有的临床心电信号采集由于监测方法的烦琐与系统的笨重，无法对患者进行多层次检查，容易出现误诊和漏诊的情况。应变传感器可以进行长时间动态心电图监测（图4.4），优势明显，其能够及时发现患者心率与血压的异常，为长时间动态心电图的监测提供便利，尤其在健康监测和疾病预防方面发挥了显著作用。[50]

4.3.2　石墨烯压力传感可穿戴设备

4.3.2.1　石墨烯压力传感设备的原理及制备方法

石墨烯电容式传感器和压电传感器都能够监测到压力的变化。石墨烯电容式压力传感器是将人体的机械运动转化为电容的变化，具有功耗低、温度独立性高的优点。电容式织物传感器有两种制备方法，一种是将 2 块柔性导电织物作为电极板，由泡沫、织物垫片和软聚合物等可流动的电介质层隔开。为了克服常见电介质层力学性能较差、信号漂移的缺点，常常选用具有特定微观结构的介电材料，这种方法制得的传感器灵敏度受到导电织物重叠面积的限制，在设备尺寸较小时灵敏度较差；另一种方法是在石墨烯基复合纤维的制备过程中，利用同轴纺丝或者涂覆工艺，使纤维中的石墨烯和介电材料之间具备芯鞘结构，有效地克服了上述缺点，得到灵敏度更佳、耐久性更好、响应速度更快的传感器。

石墨烯压电传感器可以将由人体产生的动态压力通过压电材料转化为电信号。纺织上常用的压电材料为有机类的聚偏氟乙烯（PVDF），利用纺丝的方法制备压电式织物传感器。虽然有机压电材料具有弹性好、重量轻、易于制造等优点，但是敏度较低，同时还有热释电效应，需要解决热干扰对电阻的影响，限制了压电式织物传感器在人体监测方面的应用。

4.3.2.2　基于石墨烯压力传感可穿戴设备的应用

步态分析作为一种临床手段，不仅被应用于运动检测，在医疗诊断和康复中也具有广阔的应用前景。[51]为了准确分析步态，织物传感器常用石墨烯电容式压力传感器和压电式传感器来分别测量步态中的足底压力和腿部运动（图4.5）。通过足底压力可以进行病理足部评估，判断是否具有平底足和糖尿病足，并且结合腿部运动来确定人体步态的运动学和动力学参数，定量评价人体的肌肉骨骼功能。

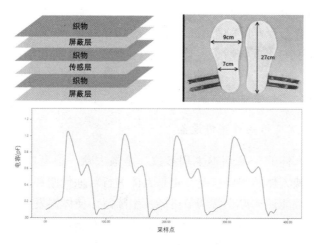

图 4. 5　监测足底压力的传感器

4.3.3　温度传感可穿戴设备

4.3.3.1　石墨烯温度传感原理

多数科学家认为，热力学涨落决定了任何二维晶体都无法在有限温度下存在，当石墨烯在实验室中被制备出来之后震惊了整个凝聚态物理界。通常，单质的热稳定性取决于构成其化学键的牢固程度，正是由于石墨烯中带有键能很强的碳六元环，使得其在高温下结构能够保持稳定不变。理论和实验表明，石墨烯的导热率高达 5300W/（m·K），[52]远远高于碳纳米管[53]及其他纳米级材料，这说明石墨烯很适合作为高性能的热学器件材料。2011 年，美国佐治亚理工学院学者首先报道了垂直排列官能化多层石墨烯三维立体结构在热界面材料中的应用及其超高等效热导率和超低界面热阻。同时，石墨烯还具有温度敏感特性，因其巨大的比表面积，使得接触热流的面积相对其他碳系材料要大得多，石墨烯受热后，表面褶皱会增加，电声子耦合率也会改变，导致石墨烯电学性质的变化，而其超高的热导率使得其响应速度也非常快。

石墨烯的温度效应是由两个方面的原因导致的。一方面热膨胀导致石墨烯片层间的导电网络结构遭到破坏并重新建立。常态下石墨烯片层堆叠整齐均匀，导电性好，而湿度升高后，石墨烯片层间隙中的空气受热膨胀，层与层的间距增大，石墨烯片层本身也受热膨胀，表面会形成褶皱，使得片层间接触导电的面积减小。当相邻的石墨烯片层间距增大到 1nm 以上时，相比初始的导电通路和隧道电流，此时的隧道电流就会减弱，电阻就会增大。另一方面石墨烯内电声子耦合会受湿度的影响，从而影响其导电性。在温度节点以下时，温度升高，准粒子的比重会增大，使得导电性增强，电阻减小；而温度节点以上，温度升高，电声子耦合会偏向金属性，电声子耦合率增加，电子激发的准粒子比重下降，影响电子在石墨烯层中的传输，电阻就会增大。

4.3.3.2　温度传感可穿戴设备

体温作为人体的一项基本生理参数，是最大众、最有应用场景的人体参数。不仅能反映人体的健康状况，也是人体进行新陈代谢和生命活动的必要条件。很多疾病都能使体温正常调节机能发生障碍而使体温发生变化，对人体温度准确、实时监测，不仅可以时刻掌握人体是否发烧发热，还可以为人们的日常生活、疾病诊断及治疗提供更多指导，对老人及婴幼儿实现实时家庭健康监护等。不同形式的智能温度计已被用于监测人体温度。虽然这些产品能够准确测量人体的温度，并能实现长时间连续监测，但这些产品为刚性材料，会在一定程度上影响人体的活动，固体的形态不能很好地贴合人体表面。因此，开发一种能用于人体温度监测且不影响人体活动的可穿戴系统尤为重要。织物作为日常穿着服装的一部分，能够很好地与服装集成，并且具备的柔性可与皮肤很好地接触，是一种非常适合用于监测人体温度的基体材料。

4.3.4　湿度传感可穿戴设备

4.3.4.1　石墨烯湿度传感原理

对于石墨烯材料来说，水分子的吸附对于器件的电学结构的影响类似于p型掺杂。[54]当环境湿度增加时，石墨烯薄膜开始吸附水分子，在最初的阶段，石墨烯与水分子之间的作用表现为石墨烯表面的碳原子与水分子中的氢原子相互吸引，这一作用会使原来本征表面态的施主能级的态密度下降，原来被俘获的部分空穴被释放，使得之前向下弯曲的能带变直，耗尽层变薄，表面的载流子（空穴）的密度增加，表面电阻减小。当湿度进一步增大时，表面受主的态密度继续增加，并且大大超过表面的施主的态密度，促使能带开始向上弯曲，对于空穴的势垒不复存在，空穴密度急剧增加，与之对应的，传感器的电阻开始变小。水分子的吸附引入受主能级从而改变电导的理论往往不能独立地解释一些湿度传感器的感湿特性，从很多石墨烯基半导体型湿度传感器的实际测量的曲线来看，在低湿度部分的导电机制是以电子（空穴的行为本质上是

电子的行为）导电为主，在高湿度部分，则是通过质子导电为主。[55,56]

类似于本征石墨烯材料的湿度感应机理。通常的，使用氧化石墨烯作为感应材料的湿度传感器是基于质子导电，而质子导电的物理基础是格鲁苏斯链式反应（Grotthuss chain reaction）。[57] 将结合石墨烯中水分子的吸附的模型来描述这个反应，当水分子吸附在氧化石墨烯表面上时，如图4.6所示，水分子由于石墨烯基材料表面极性官能团的存在，会吸附在材料表面，并结合成氢键形成第一层物理吸附的水分子层，随着水分子不断地被吸附，在整个材料表面形成了第二层物理吸附的水分子层。相较于第一层水分子层，第二层水分子与氧化石墨烯层之间的结合能要弱很多，因此，第二层和第二层以上的水分子将会更容易发生自由移动，从而导致水的凝聚，这个时候电导的变化主要是通过质子在可以移动的水层中输运来产生的，即格鲁苏斯链式反应，

$$H_2O+H_3O^+ \Longleftrightarrow H_3O^++H_2O$$

这是因为氧化石墨烯与水分子之间存在的电场，水分子会发生电离，产生的质子（即 H^+）与水分子结合成为水合氢根离子，该水合氢根离子在与下一个水分子的接触过程中，将质子传递给这个水分子，这样连续不断地进行下去，质子就可以在水层中进行输运，从而引起了氧化石墨烯材料的电导变化。而在低湿阶段，当格鲁苏斯链式反应被抑制时，水分子对氧化石墨烯造成的影响就是一种类似的掺杂作用。导致其载流子传输的可能原因是当官能团表面吸附上水分子后，电子局域态之间的距离会缩小，从而减小局域态电子的隧穿距离，进而引起了电荷密度的改变。

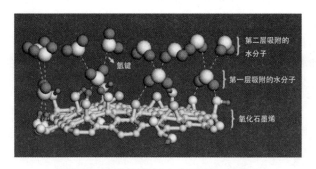

图4.6　氧化石墨烯水分子的吸附模型

4.3.4.2　湿度传感可穿戴设备

相对湿度（RH）是一个重要参数，湿度的检测和控制对于各种重要领域至关重要。至今为止，已经开发了各种类型的湿度传感器以满足不同领域的应

用（例如毛发湿度计、干湿球湿度计等）。随着人工智能、健康医疗的不断发展，满足便携、可穿戴、具有适度的灵活性等多种功能的新型湿度传感器被设计出来，并得到了不断的发展。

4.3.5　其他可穿戴设备

石墨烯更大的比表面积使得其具有更高的理论比电容，[58,59]因此，可被用于制作可穿戴超级电容器。将石墨烯制成石墨烯纤维，可将其应用到超级电容器中。目前，石墨烯纤维的制备方法主要包括水热法、湿法纺丝法、微流体纺丝法和干喷湿纺法等。[60-64]水热法制备的石墨烯纤维拉伸强度为 180～420 MPa，密度为 0.23 g/cm^3，电导率为 10 S/cm。然而由于水热法生产效率低，因此仅限于实验室小批量制备。最为广泛的方法为湿法纺丝法。该方法主要是将一定浓度的氧化石墨烯分散液通过喷丝孔注入凝固浴中，胶体纤维固化成型后，再经过水洗，干燥，化学还原或者热还原之后形成石墨烯纤维。湿法纺丝结合 1300℃ 高温热处理制备的石墨烯纤维拉伸强度可达 1.45 GPa，模量可达 282 GPa，电导率为 0.8×10^6 S/m。此外，干喷湿纺法也被应用于石墨烯纤维的制备。

此外，石墨烯因其优异的导电性、巨大的比表面积而展现出良好的气体传感特性。石墨烯是一种 p 型半导体，拥有大量空穴，在气体氛围中具有拉电子效应。气体分子被石墨烯吸附以后，在材料表面形成弱杂化并与表面上的电子偶联，引起费米能级小范围的上下波动。电子或空穴掺杂会改变费米能级和带隙，从而引起石墨烯电导率的变化。因此，石墨烯对吸附小分子气体的检测会特别敏感。石墨烯是电子供体还是受体取决于电子能级轨道的相对位置，如果吸附气体的价带高于石墨烯的费米面，则气体分子充当石墨烯的供体；反之，如果价带低于石墨烯的费米面，则气体分子充当受体。

4.4　结论

石墨烯碳材料在纺织领域中的应用已取得重大突破，在聚酯、锦纶、腈纶、维纶、纤维素纤维、碳纤维上已开始应用。石墨烯纤维制成的纤维或改性面料具有抗菌、疏水、抗寒、抗紫外线、抗静电功能，同时还具有远红外发热、抗菌、传感的效果。用石墨烯制成的特种纤维或功能面料可广泛应用于服装、家纺和智能穿戴设备，它颠覆了传统纤维单一功能的局限性，体现出集多种功能于一身的高性能纤维和面料的跨越发展，极大地改变传统纤维的性能和用途，实现了从高端到功能，再到智能纤维和纺织品的巨大转变。

参考文献

1. 田甜等 . 石墨烯的生物安全性研究进展［J］. 科学通报，2014，(59)：1927.

2. 程熠，王坤，亓月，刘忠范 . 石墨烯纤维材料的化学气相沉积生长方法［J］. 物理化学学报，2020，(26)：1-15.

3. Fang, B., Chang, D., Xu, Z.；Gao, C., Adv. Mater. 2020, 32, e1902664.

4. Xu Z, Gao C. ［J］, 2011, 2, 571.

5. Chen S., Ma W., Cheng Y., et a1. Nano Energy ［J］, 2015, 15：642 -653.

6. Dong Z., Jiang C., Cheng H., et al. ［J］. Advanced Mater, 2012, 24 (14)：1856-1861.

7. Yu D., Gob K., Wang H., et a1. ［J］. Nature Nanotechnology, 2014, 9 (7)：555-562.

8. Yang J., Weng W., Zhang Y., et al. ［J］. Carbon, 2018, 126：419 -425.

9. Jiang D., Zhang J., C., et al. ［J］. New Journal of Chemistry, 2017, 41 (20), 11792-11799.

10. KRISHNAM00RTHY K., NAVANEETHAIYER U., MOHAN R., et a1. Graphene Oxide Nanostructures Modified Multifunctional Cotton Fabrics ［J］. Applied Nanoscience, 2011, 2 (2)：119-126.

11. MOLINA J., FERNNDEZ J., DEL ROA I., et a1. Chemical and Electrochemical Study of Fabrics Coated with Reduced Graphene Oxide ［J］ . Applied Surface Science, 2013 (279)：46-54.

12. 安徽理工大学 . 一种除菌防尘口罩：中国，CN201320145365.4［P］ . 2013-08-28.

13. 中国航空工业集团公司北京航空材料研究院 . 一种复合导热薄层及其

铜备方法和应用：中国，CN201210410316.9［P］.2013-02-06.

14. LIU W., YAN X., LANG J., *et a*1. Flexible and Conductive Nanocomposite Electrode Based on Graphene Sheets and Cotton Cloth for supercapacitor［J］. *Journal of Materials Chemistry*，2012，22（33）：17245-17253.

15. 陕西科技大学. 透水增强型生丝处理剂的制备方法：中国，CN201210075615.1［P］.2012-08-08.

16. 青岛大学. 一种防紫外线抗静电石墨烯涂层纺织面料的制备方法：中国，CN201310434293.x［P］.2013-12-25.

17. REN G., ZHANG Z., ZHU X., *et a*1. Influence of Functional Graphene as Filler on the Tribological Behaviors of Nomex Fabric/Phenolic Composite［J］. *Composites Part A*：*Applied Science and Manufacturing*，2013（49）：157-164.

18. 国科学院上海应用物理研究所. 一种抗菌织物及其制备方法：中国，CN201110004877.4［P］.2011-08-31.

19. ZHAO J., DENG B., LV M., *et a*1. Graphene Oxide based Antibacterial Cotton Fabrics［J］. *Advanced Healthcare Materials*，2013，2（9）：1259-1266.

20. WILLIAMS G., SEGER B., KAMAT P. V.. TiO$_2$-graphene Nanocomposites UV-assisted Photocatalytic Reduction of Graphene Oxide［J］. *ACS Nano*，2008，2（7）：1487-1491.

21. 江南大学. 一种利用紫外光制备氧化石墨烯导电纤维素织物的方法：中国，CN201310616126.7［P］.2014-05-21.

22. ZANG X., CHEN Q., LI P., *et al*. Highly Flexible and Adaptable，All-solid-state Supercapacitors Based on Graphene Woven-fabric Film Electrodes［J］. *Small*，2014，10（13）：2583-2588.

23. Manasoglu G., Celen R., Kanik M., *et al*. Electrical resistivity and thermal conductivity properties of graphenecoated woven fabrics［J］. *Journal of Applied Polymer Science*，2019，136（40）：48024.

24. Barjasteh E., Sutanto C., Nepal D.. Conductive Polyamide-Graphene Composite Fabric via Interface Engineering［J］. *Langmuir*，2019，35（6）：2261-2269.

25. Fang M. H., Xiong X. H., Hao Y. B., *et al*. Preparation of highly conductive graphene-coated glass fibers by solgel and dip-coating method［J］. *Journal of Materials Science & Technology*，2019，35（9）：1989-1995.

26. Babaahmadi V., Montazer M., Gao W., *et al*. Surface modification of

PET fabric through in-situ reduction and cross- linking of graphene oxide: Towards developing durable conductive fabric coatings [J]. *Colloids and Surfaces A: Physicochemical and Engineering Aspects*, 2018, 545: 16-25.

27. 温小丽，顾平. 防紫外线织物的作用机理及加工方法 [J]. 国外丝绸, 2009, (3): 15.

28. Cao J. L., Wang C. X.. Multifunctional surface modification of silk fabric via graphene oxide repeatedly coating and chemical reduction method [J]. *Applied Surface Science*, 2017, 405: 380-388.

29. Liu Y., Xia L. J., Zhang Q., *et al.* Structure and properties of carboxymethyl cotton fabric loaded by reduced graphene oxide [J]. *Carbohydrate Polymers*, 2019, 214: 117-123.

30. Ouadil B., Cherkaoui O., Safi M., *et al.* Surface modification of knit polyester fabric for mechanical, electrical and UV protection properties by coating with graphene oxide, graphene and graphene/silver nanocomposites [J]. *Applied Surface Science*, 2017, 414: 292-302.

31. Kale R. D., Potdar T., Kane P., *et al.* Nanocomposite polyester fabric based on graphene/ titanium dioxide for conducting and UV protection functionality [J]. *Graphene Technology*, 2018, 3 (2-4): 35-46.

32. Song W. H., Wang B., Fan L. H., *et al.* Graphene oxide/waterborne polyurethane composites for fine pattern fabrication and ultrastrong ultraviolet protection cotton fabric via screen printing [J]. *Applied Surface Science*, 2019, 463: 403-411.

33. Tissera N. D., Wijesena R. N., Perera J. R., *et al.* Hydrophobic cotton textile surfaces using an amphiphilic graphene oxide (GO) coating [J]. *Applied Surface Science*, 2015, 324: 455-463.

34. Shateri - Khalilabad M., Yazdanshenas M. E.. Preparation of superhydrophobic electroconductive graphene - coated cotton cellulose [J]. *Cellulose*, 2013, 20 (2): 963-972.

35. Li Y. M., Li Z. Q., Tian M. W., *et al.* Reduction and deposition of graphene oxide nanosheets on the multifunctional hydrophobic polyester nonwoven fabric via a one step hydrothermal route [J]. *Materials Research Express*, 2019, 6 (8): 085614.

36. 屈孟男，侯琳刚，何金梅，等. 功能化超疏水材料的研究与发展 [J]. 化学进展, 2016, 28 (12): 1774-1787.

37. 王会杰. 超疏水功能界面的制备及应用 [D]. 北京：中国科学技术大学，2015.

38. 卜昕阳. 超疏水材料的制备及应用 [D]. 南京：东南大学，2016.

39. 刘成宝，李敏佳，刘晓杰，陈志刚. 超疏水材料的研究进展 [J]. 苏州科技大学学报，2018，35（4）：1-8.

40. 王婷婷. 超疏水材料发展概况 [J]. 云南化工，2019，46（5）：104-105.

41. 姜国飞，刘芳，随林林，等. 石墨烯及其复合材料在抗菌方面应用研究进展 [J]. 石油学报（石油加工），2017（05）：229-240.

42. LIM H. N. , HUANG N. M. , LOO C. H. . Facile preparation of graphene-based chitosan films：Enhanced thermal, mechanical and antibacterial properties [J]. *Journal of Non-Crystalline Solids*, 2012, 358（3）：525-530.

43. 钟丽华，张何. 氧化石墨烯在纺织品领域的抗菌应用 [J]. 包装工程，2019，40（23）：94-100.

44. HU W. , PENG C. , LUO W. , *et al*. Graphene-based antibacterial paper [J]. *ACS Nano*, 2010, 4（7）：4317-4323.

45. AKHAVAN O. , GHADERI E. . Toxicity of Graphene and Graphene Oxide Nanowalls Against Bacteria [J]. 2010, 4（10）：5731-5736.

46. LIM H. N. , HUANG N. M. , LOO C. H. . Facile preparation of graphene-based chitosan films：Enhanced thermal, mechanical and antibacterial properties [J]. *Journal of Non-Crystalline Solids*, 2012, 358（3）：525-530.

47. 钟丽华，张何. 氧化石墨烯在纺织品领域的抗菌应用 [J]. 包装工程，2019，40（23）：94-100.

48. LI S. , ZHANG Y. , WANG Y. , *et al*. Physical sensors for skin - inspired electronics [J]. *InfoMat*, 2020, 2（1）：184-211.

49. REDDY K. R. , GANDLA S. , GUPTA D. . Highly Sensitive, Rugged, and Wearable Fabric Strain Sensor Based on Graphene Clad Polyester Knitted Elastic Band for Human Motion Monitoring [J]. *Advanced Materials Interfaces*, 2019, 6（16）：1-11.

50. REN J, WANG C, ZHANG X, *et al*. Environmentally-friendly conductive cotton fabric as flexible strain sensor based on hot press reduced graphene oxide [J]. *Carbon*, 2017, 111：622-630.

51. HUANG X. , WANG Q. , ZANG S. , *et al*. Tracing the Motion of Finger Joints for Gesture Recognition via Sewing RGO-Coated Fibers onto a Textile Glove

［J］. *IEEE Sensors Journal*, 2019, 19（20）: 9504-9511.

52. KOYAMA Y, NISHIYAMA M., WATANABE K.. Smart textile using hetero – core optical fiber for heartbeat and respiration monitoring［J］. *IEEE Sensors Journal*, 2018, 18（15）: 6175-6180.

53. MIN S. D., WANG C., PARK D. S., *et al.* Development of A Textile Capacitive Proximity Sensor and Gait Monitoring System for Smart Healthcare［J］. *Journal of Medical Systems*, 2018, 42（4）.

54. Nika D. L., Pokatilov E. P., Askerov A. S., *et al.* Phonon thermal conduction in graphene: Role of Umklapp and edge roughness scattering［J］. *Physical Review B*, 2009, 79（15）: 155413-155421.

55. Park J. Y., Rosenblatt S., Yaish Y.. Electron – phonon scattering in metallic single-walled carbon nanotubes［J］. *Nano Letters*, 2004, 4（3）, 517-520.

56. van Bommel A. J., Crombeen J. E., van Tooren A.. LEED and Auger electron observations of the SiC（0001）surface［J］. *Surf. Sci.*, 1975, 48（2）: 463-472.

57. Lu X. K., Yu M. F., Huang H., *et al.* Tailoring graphite with the goal of achieving single sheets［J］. *Nanotechnology*, 1999, 10（3）: 269-272

58. Geim A. K., Novoselov K. S., Morozov S. V., *et al.* Electric field effect in atomically thin carbon films［J］. *Science*, 2004, 306（5696）: 666-669.

59. Lee C., Wei X., Kysar J. W., *et al.* Measurement of the elastic properties and intrinsic strength of monolayer graphene［J］. *Science*, 2008, 321（5887）: 385-388.

60. Zhang Y., Bai W., Cheng X., *et al.* Flexible and stretchable lithium - ion batteries and supercapacitors based on electrically conducting carbon nanotube fiber springs［J］. *Angewandte Chemie International Edition*, 2014, 53（52）: 14564-14568.

61. Wang B., Fang X., Sun H., *et al.* Fabricating continuous supercapacitor fibers with high performances by integrating all building materials and steps into one process［J］. *Advanced Materials*, 2015, 27（47）: 7854-7860.

62. Luo Y., Zhang Y., Zhao Y., *et al.* Aligned carbon nanotube/molybdenum disulfide hybrids for effective fibrous supercapacitors and lithium ion batteries［J］. *Journal of Materials Chemistry A*, 2015, 3（34）: 17553-17557.

63. Choi C., Lee J. A., Choi A. Y., *et al.* Flexible supercapacitor made of

carbon nanotube yarn with internal pores ［J］. *Advanced Materials*, 2014, 26 (13): 2059-2065.

64. Yu D. , Zhai S. , Jiang W. , *et al*. Transforming pristine carbon fiber tows into high performance solid - state fiber supercapacitors ［J］. *Advanced Materials*, 2015, 27 (33): 4895-4901.

65. Zhang J. , Zhao X. , Huang Z. , *et al*. High-performance all-solid-state flexible supercapacitors based on manganese dioxide/carbon fibers ［J］. *Carbon*, 2016, 107: 844-851.

第五章　石墨烯材料在电化学传感器中的应用

石墨烯基电化学传感器一直是国内外研究的重点。其中最重要的两个部分就是石墨烯基电化学传感器的电极材料和应用。本文着重介绍了石墨烯复合材料、掺杂石墨烯材料、多孔石墨烯材料、石墨烯纳米片、石墨烯纳米管、石墨烯量子点等电化学传感器电极材料和它们在医疗诊断、药物分析、食品安全、环境污染监控等方面的应用。

5.1　石墨烯基电化学传感器概述

电化学传感器是指被测物质在一定电压或者电流下发生了电化学反应，从而产生了对应的电流或者电位信号，并能够按照一定的规律将其转变为电信号传输出来，用于定性或定量分析目标物的小型器件。[1]电化学传感器工作原理示意图如图 5.1 所示。

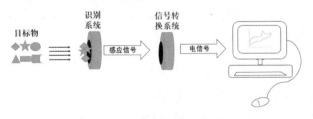

图 5.1　电化学工作站工作原理示意图

电化学传感器的信号转换系统即在电极表面的电子传递在构建传感器平台过程中起关键作用。电子传递过程中一般伴随着氧化还原反应的发生，氧化还原反应速率和电位取决于电极材料的电子传递动力学和电化学催化活性。[2, 3]所以通过对电极表面进行分子设计，有目的地将一些具有特殊功能和优异性质的离子、分子或聚合物修饰到电极表面来提高传感器的性能或者构建不同功能的电化学传感器已经成为国内外研究热点，同时这也是当前电化学和电化学分析领域中最活跃的研究方向之一。

自 2004 年石墨烯（Graphene，G）被发现以来，[4] 因为优异的导电性[5]，大的比表面积[6] 和高的机械性能[7] 等优异的性能常常被用来修饰工作电极表面构建电化学传感器[8]。基于石墨烯及其衍生物构建的电化学传感器，我们都称之为石墨烯基电化学传感器。

5.2　石墨烯基电化学传感器电极材料

石墨烯具有优异的电化学性能，但石墨烯片层间存在强的范德华力，在使用过程中片层极易发生堆积、团聚的问题，使得石墨烯的实际应用大打折扣。通过复合，掺杂，组装，或者调控形貌等方法对石墨烯进行改性，从而提高石墨烯的分散性和导电性，还可以赋予石墨烯新的性质。基于这些新型石墨烯基电极材料的电化学传感器具有更多全面且优异的性能。

5.2.1　石墨烯基复合材料

石墨烯的衍生物，比如氧化石墨烯（GO）表面含有丰富的含氧基团，可以提供许多活性位点，从而更容易和许多性能优异的材料结合成复合材料。相比单独的石墨烯，石墨烯基复合材料不仅有效解决了石墨烯团聚的问题，充分利用石墨烯优异的电化学性能，而且复合材料可以赋予一些新的特性，两者的协同作用大大增加了复合材料的活性表面积和催化活性，从而改善电化学传感器的稳定性、导电性和灵敏度。

5.2.1.1　石墨烯-金属纳米粒子复合材料

金属纳米粒子包括贵金属纳米粒子（NMNPs）和过渡金属，如金（Au）、银（Ag）、铑（Rh）、钌（Ru）、钯（Pd）、铂（Pt）、铁（Fe）、钴（Co）、镍（Ni）、锰（Mn）、铜（Cu）等，具有优异的导电性、电催化性和化学稳定性，所以常常被用来修饰工作电极构建电化学传感器。但这些优异性质与金属纳米粒子结构、尺寸、形态等有很大的关系，且贵金属价格昂贵，所以选择合适的载体材料来减少金属纳米粒子的使用量和发挥两者的协同作用从而扩大电化学传感器的应用至关重要。石墨烯是目前已知最薄的二维纳米材料，优异的导电性能使之成为理想的基底材料，同时石墨烯巨大的比表面积使之成为金属纳米粒子的理想载体。将金属纳米粒子负载到石墨烯的表面，不仅可以解决石墨烯和金属纳米粒子单独存在容易发生团聚的问题，而且石墨烯-金属纳米粒子复合材料的协同作用会表现出独特的或更优异的性能。

R. Bala, M. Kumar 等人通过电化学沉积将具有高导电性的金纳米粒子（AuNPs）和还原氧化石墨烯复合，构建了具有高比表面积、优异电导率、有效催化性能和好的生物相容性的传感器平台，并成功检测抗焦虑药硝西泮。[9]

H. Wang 等人选取金-钯（Au-Pd）双金属纳米粒子并将它们通过电化学沉积与石墨烯进行复合。钯纳米粒子具有高催化活性和选择性，金纳米粒子具有出色的电导率、良好的催化性能以及较大的比表面积。石墨烯具有良好的生物相容性、大表面积、高电导率和较低的生产成本使之成为良好的基底材料。三者发挥协同作用，对许多电化学反应均显示出高活性，并大大增强了分析物的电催化氧化作用。以复合材料修饰玻碳电极并构建电化学传感器成功检测了止痛解热药对乙酰氨基酚和4-氨基苯酚。[10]

5.2.1.2 石墨烯-金属氧化物复合材料

近年来，金属氧化物主要是一些过渡金属（铁、钴、镍、铜、锌）的氧化物如氧化锌（ZnO）、二氧化钛（TiO_2）、氧化铁（Fe_2O_3）、氧化亚铜（CuO）、氧化镍（NiO）、氧化铈（CeO）等与石墨烯制备的复合材料被广泛应用于电化学传感器，由于传感器出色的选择性和电子传输速率成了国内外研究重点。石墨烯-金属氧化物复合材料修饰电化学传感器可以通过增加表面积和吸附能力来改善传感器的化学功能性和相容性，同时两者协同作用所表现的高电催化性能使之成为增加电化学传感器活性的理想材料之一。[11]

氧化锌（ZnO）具有大的比表面积，快的电子传递能力，强的电催化活性。[12]为了进一步提高电化学传感器的性能，选择了石墨烯与ZnO形成纳米复合材料。Junxing Hao 等人使用锌粉原位还原 GO 的方法制备了 ZnO-RGO 纳米复合材料，并进一步采用该材料修饰电极，构建新型的 8-OHdG 传感平台用于早期癌症检测。ZnO-RGO 复合材料显著增强了 8-OHdG 的氧化信号，使用 8-OHdG 的线性范围达到 5.0~5000.0 nM，检测限低至 1.25 nM。[13] Jutiporn Yukird 等人通过胶体凝聚作用将 ZnO 纳米棒与石墨烯合成 ZnO-G 纳米复合材料，并将复合材料构建传感器用于同时测定 Cd^{2+} 和 Pb^{2+} 两种有毒重金属。ZnO-G修饰电极上测得的 Cd^{2+} 和 Pb^{2+} 的响应电流比未修饰电极大约高4倍，Cd^{2+} 和 Pb^{2+} 的检测线性范围分别是 0.09~1.78 μM 和 0.05~0.965 μM，其检测限分别为 5.35 和 3.86 nM。[14]

氧化铜（CuO）是另一种有显著优势的电极修饰材料。CuO 具有出色的氧化还原能力，无毒性，高的电催化活性和良好的化学稳定性，而且 CuO 的纳米结构可以有效增加电极的表面积和活性位点，但是单一的 CuO 材料，电导率很小。为了克服此缺点，将 CuO 和石墨烯进行复合构建了传感器平台。Yu Xie 等人通过水热反应成功将 CuO 纳米粒子和石墨烯成功复合，并构建了检测有机磷农药——马拉硫磷的非酶电化学传感器（CuO-NPs／3DGR），对马拉硫磷的浓度检测范围是 0.03~1.5 nM，检测限低至 0.01 nM。[15]

Ji-wei Zhang 等人通过 $SnCl_2$ 水热还原氧化石墨烯，可以轻松地制备 SnO_2 和石墨烯的复合材料：SnO_2-RGO，并应用于构建新型电化学传感器。新型电化学传感器对咖啡酸（神经保护的潜在药物，常存在于红酒、绿茶、咖啡、水果和蔬菜中）显示高灵敏度、选择性和出色的重现性、稳定性。[16]

Farid A. Harraz 等人通过简单的化学和煅烧工艺成功合成了 TiO_2-RGO 纳米复合材料，并成功构建高效抗坏血酸（一种水溶性维生素 C）传感器检测平台。TiO_2-RGO 修饰的电化学传感器检测抗坏血酸的浓度是 25~725 μM，检测限是 1.19 μM，检测响应时间小于 5 s。[17]

5.2.1.3　石墨烯-导电聚合物复合材料

导电聚合物又称为导电高分子，主要由具有共轭链结构（…C-C＝C-C＝C-C…即单-双键交替连接）或者在氧化或还原掺杂后具有导电性的一类聚合物。导电聚合物的三维空间结构可以有效增大电极的比表面积和电子转移能力，同时聚合物本身具有非常优异的导电性和催化能力，因此，它是一类修饰电极构建电化学传感器的理想材料。最常见的三种修饰电极表面的导电聚合物分别是聚吡咯（PPy）、聚苯胺（PANI）、聚噻吩（PTh）。这 3 种材料的优势在于良好的导电性、柔韧性，以及造价便宜易于合成。但单一聚合物修饰的传感器也有其不足之处，稳定性和重现性不够好，实验误差大。因此，将导电聚合物和石墨烯复合，不仅可以发挥聚合物本身的作用，而且结合了石墨烯优异的性能，使复合材料修饰的电化学传感器拥有更大的比表面积，进而增强电化学传感器的响应，增加传感器的稳定性和灵敏度。

Ling Wang 等人将聚 4-苯乙烯磺酸钠（PSS）通过芳环之间的 π-π 相互作用结合到石墨烯表面，同时 PSS 是一种两性聚合物，其带负电的部分可有效防止石墨烯的重新堆积。PSS-石墨烯复合材料修饰的电极对人体必需的氨基酸——色氨酸具有高灵敏度和选择性，其响应电流是裸电极的 100 倍，检测浓度范围是 0.04~10.0 μM，检测限低至 0.02 μM。[18]

Mesut Eryigit 等人分别在金电极上使用恒电位电沉积聚乙烯二氧噻吩

（PEDOT）和还原氧化石墨烯（ERGO），并使用 PEDOT-ERGO 纳米复合材料构建了非酶葡萄糖电化学传感器。传感器对葡萄糖的浓度检测范围可达 0.1~100 μM，检测限为 0.12 μM，灵敏度为 696.9 μA mM^{-1}cm^{-2}，响应时间在 1.0 s 之内。这些都证明了 PEDOT-ERGO 复合材料修饰的电极拥有更快速的电子交换能力和优异的电催化氧化行为。[19]

5.2.1.4 石墨烯-碳基材料

石墨烯和不同维度的碳基材料如富勒烯（C$_{60}$）、碳纳米管，炭黑等形成的复合材料在电化学传感领域的应用表现出更大的优势。K. Zarean Mousaabadi 等人将还原石墨烯和多壁碳纳米管（MWCNT）组成复合材料，与原始MWCNT 或 RGO 相比，该复合材料具有出色的导电性，大表面积和高催化性能。他们将复合材料修饰玻碳电极构建了传感器检测天然植物化学化合物——姜黄素，检测范围 0.008~10.0 μM，检测限低至 0.003 μM。[20]

Jahangir Ahmad Rather 等人认为富勒烯可以看作一个具有封闭的积木笼形结构的材料，氧化石墨烯（GO）可以看作由羧基修饰的石墨烯的重要衍生物，两种不同形式的碳纳米混合结构可以产生更多增强性能，在电化学传感器领域受到越来越多的重视。他们通过电化学还原的方法制备了 GO-C$_{60}$ 复合材料，该材料对帕金森病的生物标志物——香草酸展示了高电催化活性，检测浓度范围是 0.2~6.5 μM，检测限是 0.05 μM。[21]

5.2.2 掺杂石墨烯材料

采用杂原子掺杂石墨烯可以产生一定数量的活性位，从而促进工作电极对不同目标分子的吸附和相互作用，提高了电子转移和物质传输能力，进而有效改善传感器的性能。目前常见的掺杂原子是：硼（B），氮（N），硫（S），磷（P）等。氮原子与碳原子的直径接近，所以氮原子更容易掺入石墨烯的骨架中。氮原子 5 个价电子与碳原子结合，且电负性高于碳原子，能形成强共价键，在石墨烯片层间引入活性点，改变表面特性同时打开能带，改变电子结构，调整导电类型，提高石墨烯的自由载流子密度，从而改善石墨烯的导电性和稳定性。而且氮源选择范围广，价格低廉，掺杂方法简单易行。C 与 N 不同的结合方式对电化学性能会产生不同的影响。目前已有 3 种结合方式是研究热点，分别是吡啶氮、吡咯氮和石墨氮。吡啶氮一般在石墨烯的边界处或者缺陷处形成，并与两个 C 原子成键构成六元环，为石墨烯贡献一个 p 电子。吡咯氮一般由氨基与石墨烯成键或在缺陷处 N 与两个 C 成键并构成五元环，为石墨烯贡献 2 个 p 电子。石墨氮是在完整的石墨烯表面取代一个 C 原子形成的，与周围 3 个 C 构成六元环。目前，关于哪种碳氮结合方式直接影响材料的电化学性能是国内外的研究热点。与 N 不同，硫（S）具有更大的原子半径和更多的核外电子。因此，将 S 掺杂到石墨烯中是相对困难的。将硫掺进石墨烯骨架可以打开石墨烯能隙，提高了石墨烯 n 型导电能力，增加了石墨烯边缘和空位的数量，有利于电子转移能力的提高。[22, 23] 然而，掺硫石墨烯的制备方法大都涉及昂贵或有毒的前体，进行掺杂反应时需要防护措施，所以寻找绿色、高效、简单的制备方法是研究重点。[24] 与 N、S 掺杂石墨烯不同，掺硼石墨烯中的硼给石墨烯提供了 p 型导电能力，大大增强的电化学性能和大量的活性位点有利于掺硼石墨烯在电化学传感器上的应用。[25-27]

Haiyan Zhang 等人通过对聚对苯二胺-还原氧化石墨烯（PpPD-RGO）进行热分解实验，成功制备了掺氮石墨烯，并将掺氮石墨烯修饰玻碳电极构建电化学传感器成功检测抗坏血酸、尿酸、多巴胺 3 种物质。[28] Yunlong Qi 等人通过简单的水热反应制备出氮硫共掺杂石墨烯（SNGO）。碳与氮之间形成了 4 种结合方式，分别是吡啶氮、吡咯氮、石墨氮和氧化吡啶氮，这 4 种 C-N 键有利于材料电化学性能的提高，同时 C 和 S 之间主要以噻吩硫的形式存在，这有利于增加电催化活性位点。同时，S 更多地掺入石墨烯平面结构而 N 更多处于边缘。SNGO 修饰工作电极构建电化学传感器平台可以同时测定邻苯二酚和对苯二酚，检测浓度范围是 10～320 μM，检测限分别是 0.28 和 0.15 μM。[29] Yujuan Xu 等人认为掺硼石墨烯具有大比表面积、高电导率，p 掺杂石墨烯对含多氮化合物如高熔点炸药（HMX）有强吸附性，所以他们以硼酸为硼源，采用简单的水热反应成功制备掺硼石墨烯（B-GE），其修饰的传感器对 HMX 的检测更快速、高效和灵敏。[25]

5.2.3　多孔石墨烯材料

多孔石墨烯是对石墨烯的形貌进行调控得到的产物。通过在石墨烯的片层间和片层上引入孔洞来调控石墨烯的形貌。多孔石墨烯的孔结构可分为二维（2D）基面内纳米孔和三维（3D）网状微孔两种。二维基面纳米孔存在于 G 片层上，由石墨烯的碳原子从晶格中移除或转移到表面以留下空位。三维网状微孔是由石墨烯在空间弯曲、折叠和重叠而形成的片间孔隙。[30] 所以多孔石墨烯因其独特的孔结构和优异的性质备受众多研究者的关注。

5.2.3.1　三维（3D）石墨烯

三维结构的石墨烯不仅可以保留石墨烯独特的力学、热学和电学性能，同时具有贯通的三维孔洞结构，这种三维孔洞结构不仅可以解决石墨烯容易聚集的问题，还可以大大增加表面积，从而提高了材料的电子转移和物质传输能力。石墨烯的三维结构还有利于增加与石墨烯复合的纳米材料负载量，阻止纳米材料的聚集。[31-35]所以三维石墨烯近年来得到了广泛的研究。三维石墨烯特殊的结构增加了电极材料的有效活性面积从而增加了检测物与催化活性中心的接触面积，在电化学传感器领域备受关注。

Zhiyong Guo 等人用简单的水热反应制备了三维石墨烯，并用牛磺酸对三维石墨烯的表面进行修饰，最后得到产物 N，S 共掺杂的三维石墨烯（a-NSGF）。该材料不仅拥有宏观的三维结构而且在石墨烯结构中引入了杂原子。三维结构大大增加材料的比表面积和对检测物的吸附性，而将杂原子引入三维石墨烯可以有效增加三维石墨烯的缺陷和活性位点，是提高三维石墨烯材料催化活性的有效方法。将 a-NSGF 修饰工作电极构建了一个检测过氧化氢的非酶电化学传感器，检测浓度范围是 $1.5 \sim 300 ~\mu M$，检测限是 $0.1 ~\mu M$。而且该传感器成功应用于雨水中过氧化氢的测定。[30]

5.2.3.2　二维基面纳米孔洞石墨烯（HGO）材料

HGO 是一种石墨烯纳米片上存在纳米级别的孔洞的石墨烯衍生物，基面孔洞可以大大提高物质传输能力，同时增加的边缘有利于电子传递能力的提高。[36, 37]我们课题组用光芬顿法对氧化石墨烯造孔，又采用电化学还原的方法对电极上的多孔石墨烯进行还原，得到还原的多孔石墨烯（ERHG）。ERHG 修饰玻碳电极构建的电化学传感器对亚硝酸盐有良好的电流响应。该电化学传感器对亚硝酸盐的浓度检测范围为 $0.2 \sim 10000 ~\mu M$，检测限低至 $0.054 ~\mu M$。[38] 在此基础上，我们进一步以过氧化氢为刻蚀剂，采用简单的水热反应制备三维多孔石墨烯（3D-HG），将二维、三维孔道进行多级贯通，其特殊的结构有利于电极的电子转移能力和物质传输能力的提高。3D-HG 表现了优异的电化学性能和传感器性能。3D-HG 构建的电化学传感器可以同时检测 3 种物质，分别是尿酸、抗坏血酸和亚硝酸盐。3D-HG 独特的孔洞结构有效降低了亚硝酸盐的过电位，还解决了尿酸和抗坏血酸因电位相近无法同时检测的问题。3D-HG 构建的传感器平台检测抗坏血酸、尿酸和亚硝酸盐的浓度范围分别是 $0 \sim 3200$，$0 \sim 200$ 和 $0 \sim 10000 ~\mu M$，检测限分别是 0.015，0.002 和 $0.01 ~\mu M$。[39]

5.2.4　其他石墨烯基电化学传感器电极材料

5.2.4.1　石墨烯纳米片

石墨烯纳米片（GN，也称为石墨烯片）是一种石墨烯衍生物，它由 $5 \sim 10$

nm 厚的小石墨烯堆叠组成，直径可变，最大尺寸可达 50μm。这些纳米粒子由于其优异的电导率、表面积和电催化活性，被广泛用作电化学传感器中电极材料。无论是单独的石墨烯纳米片[40]还是石墨烯纳米片和其他物质的复合材料，如 GN-FeOOH[41]，Au-FcDr-RGOgn[42]，和 PMo$_{12}$-GOGN[43]等都表现出了优异的电化学性能，都可以构建电化学传感器检测各种物质。

5.2.4.2　石墨烯纳米带

石墨烯纳米带（GNR）是宽度小于 50 nm 的石墨烯条，比纯石墨烯具有更大的比表面积和更多的活性位点。[44]石墨烯纳米带的边缘存在不成对电子，边缘更具反应活性。[45,46]无论是单纯的石墨烯纳米带[47]还是石墨烯纳米片和其他物质的复合材料，如金纳米粒子-氧化石墨烯纳米带[48]，石墨烯纳米带-离子液体-酞菁钴[49]等都表现出了优异的电化学性能，都可以构建电化学传感器以检测各种物质。

5.2.4.3　石墨烯量子点

石墨烯量子点（GQD）是尺寸小于 100 nm 的单层或多层石墨烯，是一种零维材料，具有石墨烯和碳点共同的特征。GQD 量子限制和边缘效应使之在电化学传感器方面有着非凡的应用。[50,51]我们曾采用 GODs 修饰金电极用于过氧化氢的检测，展示出优异的灵敏性和抗干扰性，可用于活细胞中过氧化氢的检测。[52]Marlin J. Pedrozo-Peñafiel 等人通过制备铜修饰石墨烯量子点的纳米复合材料（GQDs-Cu），并构建电化学传感器检测肌酐（肾脏功能不全，急性心脏病的诊断依据），检测浓度范围是 0.05~450μM，足以用来检测人体尿液中的肌酐含量，而且该传感器无论是灵敏度还是抗干扰性，还是稳定性都是高于其他材料构建的电化学传感器。[53]Mohammad Bagher Gholivand 等人首次合成了硫氨酸修饰的石墨烯量子点，并成功构建电化学传感器检测顺铂（一种抗癌药物），检测浓度范围是 0.2~110 μM，检测限是 90 nM。[54]

5.3　石墨烯基电化学传感器应用

电化学传感器因其灵敏度高、响应快、生物相容性好、成本低和小型简单等优点而备受关注。新型二维材料石墨烯本身具有高导电性和大表面积，在电化学传感器方面有极好的应用。目前，通过对石墨烯改性大大增加了石墨烯的缺陷密度和边缘数量，如调控石墨烯的自身形貌，刻蚀二维基面，组装三维结构；改变石墨烯的存在形式：石墨烯纳米片，纳米带，量子点等；对石墨烯掺杂不同元素：N、B、P、S 等；同时，石墨烯易与其他性能优异的材料复合后不仅拥有了石墨烯自身优异的性能而且与之复合的其他纳米材料也改善了原有的电化学性能，赋予了一些新的性能。石墨烯基材料的发展促进了电化学传感器在医疗诊断、药物分析、食品安全、环境污染监控等方面的应用。

5.3.1　石墨烯基电化学传感器在医疗诊断方面的应用

石墨烯基电化学传感器在癌症生物标志物的检测方面的应用。癌胚抗原（CEA）是一种糖蛋白，是最常用的临床肿瘤标志物之一，主要与大肠癌相关。Fenying Kong 等人用金纳米颗粒-硫氨酸还原的氧化石墨烯（GNP-THi-GR）纳米复合材料成功构建电化学传感器，CEA 浓度检测范围是 10~500 pg/mL，检测限为 4 pg/mL。[55] Saurabh Kumar 等人成功制备导电聚合物-石墨烯纳米复合材料：

聚乙烯二氧噻：聚苯乙烯磺酸盐-还原石墨烯（PEDOT：PSS-RGO），该材料成功构建纸质电化学传感器，对 CEA 的浓度检测范围是 1~10 ng/mL。[56] α-甲胎蛋白（AFP）被广泛用作肝癌的诊断生物标志物。Junfeng Liu 等人成功制备了基于石墨烯-二氧化锡-金纳米复合材料的电化学传感器，该传感器对 AFP 有高灵敏度，对 AFP 的检测浓度范围是 0.02~50 ng/mL，检测限是 0.01 ng/mL。[57] Danfeng Sun 等人成功制备了金-铂-垂直石墨烯纳米复合材料，并使用材料构建了免疫电化学传感器检测 AFP，浓度检测范围是 1 fg/mL~100 ng/mL，检测限是 0.7 fg/mL。[58] 人体表皮生长因子受体 2（HER2）在乳腺癌患者体中含量很高，因此，检测 HER2 对治疗乳腺癌至关重要。Saeed Shahrokhian 等人制备了吡咯-3-羧酸-还原石墨烯，并基于此材料成功构建了可以检测 HER2 的超灵敏电化学传感器平台，检测浓度范围是 10 fM~0.1 μM，检测限是 3 fM。[59] Arezoo Tabasi 等人用还原石墨烯-壳聚糖膜修饰玻碳电极，再以戊二醛连接 HER2 适体，成功构建超灵敏电化学传感器检测 HER2，检测范围是 0.5-75 ng/mL，检测限是 0.22 ng/mL。[60]

石墨烯基电化学传感器在慢性或一般疾病检测方面的应用。糖尿病是一种与葡萄糖有关的慢性疾病，确定血液中葡萄糖含量对预防和治疗糖尿病具有重要意义。L. Jothi 等人用镍纳米粒子结合石墨烯纳米片和石墨烯纳米带（GS-GNR-Ni）修饰玻碳电极（GCE）检测葡萄糖。他们所构建的非酶葡萄糖电化学传感器检测浓度范围是 5 nM~5 mM，检测限是 2.5 nM，灵敏度是 2300 μA/

（mM·cm）。[61]Xing Xuan 等人将金、铂、还原石墨烯三者材料复合在一起，并基于该复合材料构建了一种柔性可穿戴式电化学传感器，应用于无创汗液葡萄糖监测。该传感器对葡萄糖的浓度检测范围是 0.1~2.3 mM，相应时间为 12 s，灵敏度是 82μA/（mM·cm）。[62]人体尿酸含量过高，会导致痛风和高尿酸血症等疾病。Esmail Sohouli 等人开发一个基于甲基纤维素/氧化石墨烯/氧化铁纳米水凝胶（MC-GO-Fe$_3$O$_4$）的电化学传感器，成功检测尿酸浓度范围是 0.5~140 μM，检测限是 0.17 μM。[63]Weihua Zheng 等人成功构建基于分子印迹聚合物/还原氧化石墨烯复合物的电化学传感器并且同时测定尿酸和酪氨酸，测定尿酸和络氨酸浓度范围分别是 0.01~100 μM 和 0.1~400 μM，检测限分别是 0.0032 μM 和 0.046 μM。[64]左旋多巴（LD）是治疗帕金森病的良药之一，但含量过多会引起很多不良反应。Mina Rouhani 等人构建了基于银纳米颗粒、氧化石墨烯和导电聚合物的复合纳米材料的电化学材料，并成功检测左旋多巴，检测浓度范围是 0.003~10.0 μM，检测限是 0.00076 μM。[65]色氨酸（Trp）是人类必需的氨基酸之一。缺少色氨酸可能导致代谢紊乱和一些神经系统疾病。Jiwei Zhang 等人成功构建了基于氧化铈纳米粒子负载还原氧化石墨烯（CeO$_2$/RGO）的电化学传感器，并成功检测色氨酸，检测浓度范围是 0.2~25μM，检测限是 80 nM。[66]酪氨酸含量高会诱发帕金森病而缺乏可能导致白化病。血液中半胱氨酸的异常浓度是多种疾病的征兆，例如阿尔茨海默病，心血管疾病，肝损伤等。Hadi Beitollahi 等人成功构建基于石墨烯纳米片和 2-（4-二茂铁基-［［1，2，3］三唑-1-基）乙酸乙酯的新型电化学传感器，并同时测定半胱氨酸和酪氨酸。[67]过氧化氢（H$_2$O$_2$）是人体内几种氧化代谢途径的副产物，含量过高会导致许多疾病。Jinfeng Guan 等人用针状二氧化锰对石墨烯纳米片改性，并利用改性后的复合材料成功构建了非酶电化学传感器，传感器对过氧化氢的浓度检测范围是 0.5~350 μM，检测限是 0.19 μM。[68]多巴胺充当激素和神经递质，在大脑和身体的新陈代谢中起关键作用。Shiva Kumar Arumugasamy 等人将大小为 1~5 nm 的石墨烯量子点掺进多壁碳纳米管，构建了可以检测多巴胺的电化学传感器，检测浓度范围是 0.25~250 μM，检测限是 95 nM。[69]

5.3.2　石墨烯基电化学传感器在药物分析方面的应用

石墨烯基电化学传感器对抗生素药物的检测。左氧氟沙星（LEV），是一种常见的，被用于呼吸道、泌尿、皮肤和软组织感染的口服抗生素。Mohammad Hossein Ghanbari 等人根据 L-半胱氨酸可以提供丰富的活性位点和石墨烯优异的性能的原理，成功制备基于 L-半胱氨酸修饰还原石墨烯的电化学传感器，对左氧氟沙星的浓度检测范围是 0.01 nM ~ 100 μM，检测限是 0.003 nM。[70]磺胺甲基异恶唑（SMX）是一种磺胺类药物和广谱抗生素，对葡萄球菌和大肠杆菌特别有效。甲氧苄啶（TMP）也是一种广谱药物。当 SMX 和 TMP 一起使用时，会产生持续的协同作用，抗菌范围更广。Xizhuang Yue 等人将石墨烯和 ZnO 纳米棒复合构建了新型电化学传感器用于同时检测 SMX 和 TMP，SMX 的检测范围为 1 ~ 220 μM，TMP 的检测范围为 1 ~ 180 μM，检测限分别是 0.4 μM 和 0.3 μM。[71]氯唑西林是一种被广泛使用促进动物生长的抗生素，Dongxuan Guo 等人构建了基于多金属氧酸盐修饰石墨烯的电化学传感器并成功检测了氯唑西林，浓度检测范围是 5.0 ~ 775.0 nM，检测限是 1.6 nM。[72]

石墨烯基电化学传感器对保健品药物的检测。姜黄素（CU）在传统医学和草药中的使用越来越频繁，K. Zarean Mousaabadi 等人采用偶氮苯对还原氧化石墨烯进行改性，然后再与碳纳米管复合成新材料，基于新材料的电化学传感器可以成功检测姜黄素，检测浓度范围是 0.008 ~ 10.0 μM，检测限是 0.003 μM。[20]抗坏血酸是一种水溶性维生素，Dongxuan Guo 等人构建了基于钌金属氧酸盐修饰石墨烯的电化学传感器，并成功检测了抗坏血酸，浓度检测范围是 0.75 ~ 207 μM，检测限是 0.1 μM。[73]

石墨烯基电化学传感器对治病药物的检测。鬼臼毒素（PPT）在抗肿瘤，驱虫和抗病毒活性方面有显著成果，但会对患者产生一些毒性和不良反应。Yansheng Li 等人制备了基于还原氧化石墨烯和二氧化钛复合纳米材料的电化学传感器，并成功检测鬼臼毒素，检测浓度范围是 1.0 nM ~ 300 μM，检测限是 0.3 nM。[74]达卡他韦（DAC）可以抑制丙型肝炎病毒。Fared M. El-badawy 等人构建了基于二氧化锰和还原石墨烯复合材料的电化学传感器，并成功检测了达卡他韦，检测限是 0.125 nM。[74]雷洛昔芬是重要的化学治疗药物（抗癌药）之一。Tse-Wei Chen 等人使用超声辅助合成了一种新型的倍半氧化钕纳米颗粒（Nd$_2$O$_5$ NPs）修饰的氧化石墨烯（GO）纳米复合材料。基于该材料的电化学传感器可以准确、快速检测雷洛昔芬，浓度检测范围是 0.03 ~ 472.5 μM，检测限是 18.43 nM。[75]

5.3.3　石墨烯基电化学传感器在食品安全方面的应用

石墨烯基电化学传感器对食品添加剂的检测。奥拉喹多（OLA）是一种饲料添加剂，然而大量研究已经表明 OLA 的使用会引起明显的中毒和不良反应，对人类和生态环境也会造成潜在的负面影响。Xiaoyun Bai 等人制备了基于聚吡咯、多巴胺修饰石墨烯的分子印迹电化学传感器，并成功检测了奥拉喹多，浓度检测范围是 50~500 nM，检测限是 7.5 nM。[76]亚硝酸根离子（NO_2^-）被广泛应用于食品和饮料行业作为防腐剂，然而人类摄入过量 NO_2^- 会引发多种疾病，如癌症、肝损伤等。Yujie Han 等人使用水热法制备了玫瑰状的硫化钼和石墨烯的纳米复合材料，并将该材料应用于电化学传感器检测 NO_2^-，检测范围达到 5.0~5000 μM，检测限是 1.0 μM[77]。日落黄是一种广泛使用的人工着色剂，过度使用可能会引起过敏、腹泻等症状，甚至对肾脏、肝脏产生一定伤害。Lanqing Li 等人构建了基于双金属纳米功能化石墨烯的新型电化学传感器并成功检测了日落黄，浓度检测范围是 0.008 ~ 10.0 μM，检测限是 2.0 nM。[78]

　　石墨烯基电化学传感器对食品主要成分的监测。反式白藜芦醇（TRA）主要存在于红酒中，它具有防癌、抗氧化、减少血小板聚集等优点。Chao Zhang 等人开发了一种使用直接激光诱导石墨烯（LIG）技术的新型柔性电化学传感器，并成功检测红酒中的 TRA 含量，浓度检测范围是 0.2~50 μM，检测限是 0.16 μM。[79]丁香油的主要成分是丁香酚，虽然可以安全食用，但高剂量使用丁香酚会导致一些不良反应，如心律不齐、肾脏损害、心率和血压升高以及肝衰竭等。Ganjar Fadillah 等人仅基于氧化石墨烯和氧化锡的纳米复合材料就成功构建了检测丁香酚的灵敏电化学传感器，检测浓度范围是 0.05 ~ 440 μM，检测限是 0.02 μM。[80]香烟的主要成分尼古丁，而尼古丁可能会导致肺癌和神经变性疾病，Rajendran Jerome 等人制备了二维硼氮共掺杂石墨烯并构建电化学传感器检测尼古丁，浓度检测范围是 1－1000 μM，检测限是 0.42 μM。[81]

　　石墨烯基电化学传感器对有害物残留的检测：二苯胺（DPA）是防止水果变质的抗氧化剂，然而，DPA 化学性质稳定且降解性较差，会残留在水果表面，人类摄入会引起血液中毒，膀胱疾病和高血压。Jun Gao 等人用电沉积的方法在氧化石墨烯纳米片上固载球形磷钼酸，基于该材料的电化学传感器对二苯胺检测超灵敏，检测浓度范围是 0.05~400 μM，检测限是 6.0 nM。[43]吡虫啉（IDP）是一种用于防治农业虫害的新烟碱类农药，但是，IDP 残留物可以在环境中长期稳定存在，会残留在水果或农作物表面，从而威胁人类生命安全。Yijian Zhao 等人建立了基于还原氧化石墨烯/环糊精的吡虫啉超敏感电化学传感器，检测浓度范围是 0.5~40 μM，检测限是 0.023 μM。[82]无机砷可通过水源，饮料，药品以及农作物进入食物链，长期接触无机砷（V）可能会引起皮肤病变，心血管疾病和癌症等健康问题。Phan Nguyen Duc Duoc 等人制备了双壁碳纳米管和石墨烯复合材料的薄膜，并应用于电化学传感器，成功检测了砷，浓度检测范围是 0.01~0.1 μM，检测限是 3.8 nM。[83]

5.3.4 石墨烯基电化学传感器在环境监控方面的应用

有机磷农药的泛滥使用严重污染了土壤和河水，破坏了生态环境。Nan Gao 等人制备了基于金纳米颗粒和氧化锆修饰石墨烯的非酶电化学传感器，并快速准确地检测了甲基对硫磷，检测浓度范围是 3.8 nM~9.1 μM。[84]工业生产过程中释放的高毒性污染物——4-硝基苯酚存在于环境各处，它可能会引起肝和肾的恶化，引发癌症，并对神经系统的功能产生负面影响，Seyyed Alireza Hashemi 等人制备了基于聚苯胺、氧化石墨烯和氮化铁钨纳米复合材料的超灵敏电化学传感器，可以精确检测水介质中的4-硝基苯酚，浓度检测范围是 0.01~4 μM，检测限是 2.4 nM，灵敏度是 354.92 μA/（μM·cm^2）。[85]间苯二酚常用于医药、染料和食品工业，它具有高毒性和高稳定性，在生态环境中很难分解，并且可以在自然环境中广泛传播，Ezgi Topçu 等人制备了基于一种柔性钴基金属有机骨架修饰氧化石墨烯的电化学传感器，并成功检测了间苯二酚，浓度检测范围是 0.1~800 μM，检测限是 0.019 μM。[86]

环芳烃（PAHs）是一种含有几种稠合的芳环结构的持久性有机污染物，是煤炭、木材、石油等有机物不完全燃烧的产物，常存在于汽车尾气、烤焦食物、露天焚烧物、香烟雾气中，它的致癌、致突变和致畸毒性受到了全世界的关注，Yuehong Pang 等人通过层层自组装方法制备了一种共轭聚合物和石墨烯复合材料的多层薄膜，并将其应用于电化学传感器，成功检测了人类接触环芳烃的生物标志物——尿1-羟基芘（1-OHP），浓度检测范围是 0.5~120 nM，检测限是 0.07 nM。[87]镍被广泛应用于工业方面，如合金、陶瓷制备等，但镍离子的排放对水和土壤的环境污染也引起了公众的关注。Xiaoqing Cui 等人开发了基于 ZIF-8 -二甲基乙二肟和 β-环糊精修饰的氧化石墨烯电化学传感器，并应用于对镍离子的检测，检测范围是 0.01~1.0 μM，检测限是 0.005 μM。[88]纺织染料刚果红可以大程度地破坏土壤和水资源，Nagaraj P. Shetti 等人用氧化石墨烯修饰玻碳电极构建电化学传感器，成功检测了刚果红，浓度检测范围是 0.01~0.2 μM，检测限是 0.24 μM。[89]有毒重金属如 Cd^{2+}、Pb^{2+} 和 Zn^{2+} 造成的污染已引起全世界的广泛关注，Sohee Lee 等人制备了一种氧化铁和石墨烯的纳米复合材料，并建立了基于该材料的传感器检测平台，快速、准确检测了 Zn^{2+}、Cd^{2+} 和 Pb^{2+} 三种离子同时存在的浓度，浓度检测范围分别是 0.015~1.53、0.009~0.890 和 0.005~0.483 μM，检测限分别是 1.7、0.7 和 0.3 nM。[90]

5.4　总结

由于石墨烯的良好电化学性能，以石墨烯为基础的电化学传感器的研究越来越多，应用也十分广泛。但是单纯的石墨烯已无法满足高性能传感器的需求。目前对石墨烯的改性主要有四个途径：1）可以通过与其他材料复合，发挥两者的协同作用；2）对石墨烯进行掺杂，通过引入与碳电负性不同的原子，增加了石墨烯的边缘数量，同时改变了石墨烯平面的电流密度，更加有利于对目标物的吸附；3）通过对二维石墨烯进行形貌调控，如基面上造孔，自组装三维立体结构，大大增加了石墨烯的缺陷密度和边缘数量，从而大大改善其电化学性能；4）通过改变石墨烯自身形态，如制备成石墨烯量子点、石墨烯纳米带、石墨烯纳米片等这几种方式对石墨烯改性，改性后的石墨烯不仅电化学性能大大提高，而且解决了石墨烯易团聚的问题，从而在电化学传感器上有巨大的应用。目前，石墨烯基电化学传感器已成功被应用于医疗诊断、药物分析、食品安全和环境监控等领域。

参考文献

1. J. L. Hammond, N. Formisano, P. Estrela, S. Carrara, J. Tkac. Electrochemical biosensors and nanobiosensors. Essays in Biochemistry, 60, 69-80 (2016).

2. 乔建通，石墨烯基电化学传感器的构筑及其在药物和环境分析中的应用 [D]. 郑州：郑州大学，(2019).

3. 张文，石墨烯基电化学传感器的构建及应用研究 [D]. 青岛：青岛科技大学，(2019).

4. Z. Wang, et al. Wrinkled, wavelength-tunable graphene-based surface topographies for directing cell alignment and morphology. Carbon N Y, 97, 14-24 (2016).

5. E. B. Bahadır, M. K. Sezgintürk. Applications of graphene in

electrochemical sensing and biosensing. [1], 76, 1-14 (2016) .

6. C. Lee, X. Wei, J. W. Kysar, J. Hone. Measurement of the elastic properties and intrinsic strength of monolayer graphene. *Science* (New York, N. Y.), 321, 385-388 (2008) .

7. R. R. Nair, *et al*. Fine structure constant defines visual transparency of graphene. *Science* (New York, N. Y.), 320, 1308 (2008) .

8. Zhang Y, Zhang J, Wu H, et al. Glass carbon electrode modified with horseradish peroxidase immobilized on partially reduced graphene oxide for detecting phenolic compounds. *Journal of Electroanalytical Chemistry*, 681, 49 – 55 (2012) .

9. R. Bala, M. Kumar, K. Bansal, R. K. Sharma, N. Wangoo. Ultrasensitive aptamer biosensor for malathion detection based on cationic polymer and gold nanoparticles. *Biosens Bioelectron*, 85, 445-449 (2016) .

10. H. Wang, S. Zhang, S. Li, J. Qu. Electrochemical sensor based on palladium-reduced graphene oxide modified with gold nanoparticles for simultaneous determination of acetaminophen and 4 – aminophenol. *Talanta*, 178, 188 – 194 (2018) .

11. T. A. Saleh, G. Fadillah. Recent trends in the design of chemical sensors based on graphene-metal oxide nanocomposites for the analysis of toxic species and biomolecules. *TrAC Trends in Analytical Chemistry*, 120, 115660 (2019) .

12. A. Pruna, Q. Shao, M. Kamruzzaman, J. A. Zapien, A. J. E. A. Ruotolo. Enhanced electrochemical performance of ZnO nanorod core/polypyrrole shell arrays by graphene oxide. *Electrochimica Acta*, 187, 517-524 (2016) .

13. J. Hao, K. Wu, C. Wan, Y. Tang. Reduced graphene oxide – ZnO nanocomposite based electrochemical sensor for sensitive and selective monitoring of 8 −hydroxy-2'-deoxyguanosine. *Talanta*, 185, 550-556 (2018) .

14. J. Yukird, P. Kongsittikul, J. Qin, O. Chailapakul, N. Rodthongkum. ZnO – graphene nanocomposite modified electrode for sensitive and simultaneous detection of Cd (II) and Pb (II) . *Synthetic Metals*, 245, 251-259 (2018) .

15. Y. Xie, *et al*. CuO nanoparticles decorated 3D graphene nanocomposite as non-enzymatic electrochemical sensing platform for malathion detection. *Journal of Electroanalytical Chemistry*, 812, 82-89 (2018) .

---

① Trends in Analytical Chemistry

16. J. W. Zhang, K. P. Wang, X. Zhang. Fabrication of SnO₂ decorated graphene composite material and its application in electrochemical detection of caffeic acid in red wine. *Materials Research Bulletin*, 126, 110820 (2020).

17. F. A. Harraz, *et al.* TiO₂/reduced graphene oxide nanocomposite as efficient ascorbic acid amperometric sensor. *Journal of Electroanalytical Chemistry*, 832, 225−232 (2019).

18. L. Wang, R. Yang, J. Li, L. Qu, P. B. Harrington. A highly selective and sensitive electrochemical sensor for tryptophan based on the excellent surface adsorption and electrochemical properties of PSS functionalized graphene. *Talanta*, 196, 309−316 (2019).

19. M. Eryigit, E. Çepni, B. Kurt Urhan, H. Öztürk Dogan, T. Öznülüer Özer. Nonenzymatic glucose sensor based on poly (3, 4 − ethylene dioxythiophene)/electroreduced graphene oxide modified gold electrode. *Synthetic Metals*, 268, 116488 (2020).

20. K. Z. Mousaabadi, A. A. Ensafi, H. Hadadzadeh, B. Rezaei. Reduced graphene oxide and carbon nanotubes composite functionalized by azobenzene, characterization and its potential as a curcumin electrochemical sensor. *Journal of Electroanalytical Chemistry*, 873, 114418 (2020).

21. J. A. Rather, E. A. Khudaish, A. Munam, A. Qurashi, P. Kannan, Electrochemically reduced fullerene−graphene oxide interface for swift detection of Parkinsons disease biomarkers. *Sensors and Actuators B: Chemical*, 237, 672−684 (2016).

22. F. Shahzad, *et al.* Sulfur−doped graphene laminates for EMI shielding applications. *Journal of Materials Chemistry*, C 3, 9802−9810 (2015).

23. Y. S. Yun, *et al.* Effects of sulfur doping on graphene−based nanosheets for use as anode materials in lithium−ion batteries. *Journal of Power Sources*, 262, 79−85 (2014).

24. F. Shahzad, S. A. Zaidi, C. M. Koo. Highly sensitive electrochemical sensor based on environmentally friendly biomass−derived sulfur−doped graphene for cancer biomarker detection. *Sensors and Actuators B: Chemical*, 241, 716−724 (2017).

25. Y. Xu, *et al.* Boron−doped graphene for fast electrochemical detection of HMX explosive. *Electrochimica Acta*, 216, 219−227 (2016).

26. M. H. Yeh, *et al.* Facile Synthesis of Boron−doped Graphene Nanosheets

with Hierarchical Microstructure at Atmosphere Pressure for Metal－free Electrochemical Detection of Hydrogen Peroxide. *Electrochimica Acta*, 172, 52－60 (2015).

27. Y. Zhang, R. Sun, B. Luo, L. Wang. Boron－doped graphene as high－performance electrocatalyst for the simultaneously electrochemical determination of hydroquinone and catechol. *Electrochimica Acta*, 156, 228－234 (2015).

28. H. Zhang, S. Liu. Electrochemical sensors based on nitrogen－doped reduced graphene oxide for the simultaneous detection of ascorbic acid, dopamine and uric acid. *Journal of Alloys and Compounds*, 842, 155873 (2020).

29. Y. Qi, *et al*. Facile synthesis of 3D sulfur/nitrogen co－doped graphene derived from graphene oxide hydrogel and the simultaneous determination of hydroquinone and catechol. *Sensors and Actuators B: Chemical*, 279, 170－176 (2019).

30. L. Jiang, Z. J. N. Fan. Design of advanced porous graphene materials: from graphene nanomesh to 3D architectures. *Nanoscale*, 6, 1922－1945 (2014).

31. Z. Niu, J. Chen, H. H. Hng, J. Ma, X. J. A. M. Chen. A Leavening Strategy to Prepare Reduced Graphene Oxide Foams. *Advanced Materials*, 24, 4144－4150 (2012).

32. Y. Xu, K. Sheng, C. Li, G. J. A. N. Shi. Self－Assembled Graphene Hydrogel via a One－Step Hydrothermal Process. *Acs Nano*, 4, 4324－4330 (2010).

33. F. Yavari, *et al*. High Sensitivity Gas Detection Using a Macroscopic Three－Dimensional Graphene Foam Network. *Entific Reports*, 1, 166 (2011).

34. 马光冉, 石墨烯基三维纳米复合材料的制备及其在电化学传感器中的应用 [D]. 江西师范大学, (2018).

35. L. Lu. Recent advances in synthesis of three－dimensional porous graphene and its applications in construction of electrochemical (bio) sensors for small biomolecules detection. *Biosens Bioelectron*, 110, 180－192 (2018).

36. D. Zhou, Y. Cui, P. W. Xiao, M. Y. Jiang, B. H. J. N. C. Han. A general and scalable synthesis approach to porous graphene. *Nature Communications*, 5, 4716 (2014).

37. G. Ning, *et al*. Gram－scale synthesis of nanomesh graphene with high surface area and its application in supercapacitor electrodes. *Chemical Communications*, 47, 5976－5978 (2011).

38. J. Zhang, Y. Zhang, J. Zhou, L. Wang. Construction of a highly sensitive non-enzymatic nitrite sensor using electrochemically reduced holey graphene. *Anal Chim Acta*, 1043, 28-34 (2018).

39. Z. Chen, Y. Zhang, J. Zhang, J. Zhou. Electrochemical Sensing Platform Based on Three-Dimensional Holey Graphene for Highly Selective and Ultra-Sensitive Detection of Ascorbic Acid, Uric Acid, and Nitrite. *Journal of The Electrochemical Society*, 166, B787-B792 (2019).

40. S. D. Bukkitgar, N. P. Shetti, K. R. Reddy, T. A. Saleh, T. M. Aminabhavi. Ultrasonication and electrochemically-assisted synthesis of reduced graphene oxide nanosheets for electrochemical sensor applications. *FlatChem*, 23, 100183 (2020).

41. X. Chen, J. Gao, G. Zhao, C. Wu. In situ growth of FeOOH nanoparticles on physically-exfoliated graphene nanosheets as high performance H_2O_2 electrochemical sensor. *Sensors and Actuators B: Chemical*, 313, 128038 (2020).

42. L. Yan, *et al*. Reduced graphene oxide nanosheets and gold nanoparticles covalently linked to ferrocene-terminated dendrimer to construct electrochemical sensor with dual signal amplification strategy for ultra-sensitive detection of pesticide in vegetable. *Microchemical Journal*, 157, 105016 (2020).

43. J. Gao, *et al*. Spherical phosphomolybdic acid immobilized on graphene oxide nanosheets as an efficient electrochemical sensor for detection of diphenylamine. *Microchemical Journal*, 158, 105158 (2020).

44. P. Zhao, *et al*. A novel ultrasensitive electrochemical quercetin sensor based on MoS_2-carbon nanotube-graphene oxide nanoribbons / HS-cyclodextrin / graphene quantum dots composite film. *Sensors and Actuators B: Chemical*, 299, 126997 (2019).

45. M. Asai, *et al*. Marked adsorption irreversibility of graphitic nanoribbons for CO_2 and H_2O. *Journal of the American Chemical Society*, 133, 14880-14883 (2011).

46. E. C. Landis, *et al*. Covalent Functionalization and Electron-Transfer Properties of Vertically Aligned Carbon Nanofibers: The Importance of Edge-Plane Sites. *Chemistry of Materials*, 22, 2357-2366 (2010).

47. Hajrizi, *et al*. The use of graphene nanoribbons as efficient electrochemical sensing material for nitrite determination. *Talanta*, 159, 34-39 (2016).

48. L. Jothi, S. K. Jaganathan, G. Nageswaran. An electrodeposited Au

nanoparticle/porous graphene nanoribbon composite for electrochemical detection of alpha-fetoprotein. *Materials Chemistry and Physics*, 242, 122514 (2020).

49. K. Kunpatee, *et al.* A highly sensitive fenobucarb electrochemical sensor based on graphene nanoribbons – ionic liquid – cobalt phthalocyanine composites modified on screen-printed carbon electrode coupled with a flow injection analysis. *Journal of Electroanalytical Chemistry*, 855, 113630 (2019).

50. Y. R. Kumar, K. Deshmukh, K. K. Sadasivuni, S. K. K. Pasha. Graphene quantum dot based materials for sensing, bio-imaging and energy storage applications: a review. *RSC Advances*, 10, 23861-23898 (2020).

51. K. Ayub, H. Mohammad, S. Nasrin, G. Miguel, Electrochemical biosensing using N-GQDs: Recent advances in analytical approach. Trac Trends in Analytical Chemistry 105, 484-491 (2018).

52. Y. Zhang, *et al.* Graphene quantum dots/gold electrode and its application in living cell H2O2 detection. *Nanoscale*, 5, 1816-1819 (2013).

53. M. J. Pedrozo-Peñafiel, *et al.* Voltammetric determination of creatinine using a gold electrode modified with Nafion mixed with graphene quantum dots - copper. *Journal of Electroanalytical Chemistry*, 878, 114561 (2020).

54. M. B. Gholivand, E. Ahmadi, M. J. S. Mavaei, A. B. Chemical. A novel voltammetric sensor based on graphene quantum dots-thionine/nano-porous glassy carbon electrode for detection of cisplatin as an anti-cancer drug. *Sensors and Actuators B: Chemical*, 299, 126975 (2019).

55. F. Y. Kong, M. T. Xu, J. J. Xu, H. Y. J. T. Chen. A novel lable-free electrochemical immunosensor for carcinoembryonic antigen based on gold nanoparticles-thionine-reduced graphene oxide nanocomposite film modified glassy carbon electrode. *Talanta*, 85, 2620-2625 (2011).

56. Kumar, *et al.* Reduced graphene oxide modified smart conducting paper for cancer biosensor. *Biosensors and Bioelectronics*, 73, 114-122 (2015).

57. Junfeng, *et al.* Sensitive electrochemical immunosensor for α-fetoprotein based on graphene/SnO_2/Au nanocomposite. *Biosensors and Bioelectronics*, 71, 82-87 (2015).

58. D. Sun, *et al.* Electrochemical immunosensors with AuPt – vertical graphene/glassy carbon electrode for alpha-fetoprotein detection based on label-free and sandwich-type strategies. *Biosensors and Bioelectronics*, 132, 68-75 (2019).

59. Shahrokhian, Saeed, Salinnian, R. J. Sensors, A. B. Chemical.

Ultrasensitive detection of cancer biomarkers using conducting polymer/ electrochemically reduced graphene oxide – based biosensor: Application toward BRCA1 sensing. *Sensors and Actuators B: Chemical*, 266, 160-169 (2018).

60. A. Tabasi, A. Noorbakhsh, E. J. B. Sharifi, Bioelectronics. Reduced graphene oxide – chitosan – aptamer interface as new platform for ultrasensitive detection of human epidermal growth factor receptor 2. *Biosensors and Bioelectronics*, 95, 117-123 (2017).

61. Jothi, *et al*. Ultrasensitive and selective non – enzymatic electrochemical glucose sensor based on hybrid material of graphene nanosheets/graphene nanoribbons/nickel nanoparticle. *Materials Research Bulletin*, 98, 300 – 307 (2018).

62. Xuan, *et al*. A wearable electrochemical glucose sensor based on simple and low – cost fabrication supported micro – patterned reduced graphene oxide nanocomposite electrode on flexible substrate. *Biosensors and Bioelectronics*, 109, 75 -82 (2018).

63. E. Sohouli, *et al*. Electrochemical sensor based on modified methylcellulose by graphene oxide and Fe3O4 nanoparticles: Application in the analysis of uric acid content in urine. *Journal of Electroanalytical Chemistry*, 877, 114503 (2020).

64. Zheng, *et al*. Electrochemical sensor based on molecularly imprinted polymer/reduced graphene oxide composite for simultaneous determination of uric acid and tyrosine. *Journal of Electroanalytical Chemistry*, 813, 75-82 (2018).

65. M. Rouhani, A. Soleymanpour. Preparation of Dawson heteropolyacid – embedded silver nanoparticles/graphene oxide nanocomposite thin film used to modify pencil graphite electrode as a sensor for trace electrochemical sensing of levodopa. *Materials Science and Engineering: C*, 117, 111287 (2020).

66. J. -W. Zhang, X. Zhang. Electrode material fabricated by loading cerium oxide nanoparticles on reduced graphene oxide and its application in electrochemical sensor for tryptophan. *Journal of Alloys and Compounds*, 842, 155934 (2020).

67. H. Beitollahi, *et al*. A novel electrochemical sensor based on graphene nanosheets and ethyl 2 – (4 –ferrocenyl– [1, 2, 3] triazol–1–yl) acetate for electrocatalytic oxidation of cysteine and tyrosine. *Measurement*, 152, 107302 (2020).

68. J. F. Guan, *et al*. A sensitive non–enzymatic electrochemical sensor based

on acicular manganese dioxide modified graphene nanosheets composite for hydrogen peroxide detection. *Ecotoxicol Environ Saf*, 190, 110123 (2020) .

69. S. K. Arumugasamy, S. Govindaraju, K. Yun. Electrochemical sensor for detecting dopamine using graphene quantum dots incorporated with multiwall carbon nanotubes. *Applied Surface Science*, 508, 145294 (2020) .

70. M. H. Ghanbari, *et al*. An electrochemical sensor based on poly (1 - Cysteine) - AuNPs - reduced graphene oxide nanocomposite for determination of levofloxacin. *Microchemical Journal*, 147, 198-206 (2019) .

71. X. Yue, Z. Li, S. Zhao. A new electrochemical sensor for simultaneous detection of sulfamethoxazole and trimethoprim antibiotics based on graphene and ZnO nanorods modified glassy carbon electrode. *Microchemical Journal*, 159, 105440 (2020) .

72. A. - M. Golkarieh, N. Nasirizadeh, R. Jahanmardi. Fabrication of an electrochemical sensor with Au nanorods-graphene oxide hybrid nanocomposites for in situ measurement of cloxacillin. *Materials Science and Engineering*: *C*, 118, 111317 (2021) .

73. D. Guo, *et al*. Electrochemical ascorbic acid sensor of composite film based on Keggin-type Vanadium-substituted Polyoxometalates decorated with graphene and Ru (bpy) 32+. *Colloids and Surfaces A*: *Physicochemical and Engineering Aspects*, 592, 124550 (2020) .

74. Y. Li, *et al*. A highly sensitive and selective molecularly imprinted electrochemical sensor modified with TiO_2-reduced graphene oxide nanocomposite for determination of podophyllotoxin in real samples. *Journal of Electroanalytical Chemistry*, 873, 114439 (2020) .

75. T. W. Chen, *et al*. Sonochemical synthesis and fabrication of neodymium sesquioxide entrapped with graphene oxide based hierarchical nanocomposite for highly sensitive electrochemical sensor of anti-cancer (raloxifene) drug. *Ultrason Sonochem*, 64, 104717 (2020) .

76. X. Bai, *et al*. Molecularly imprinted electrochemical sensor based on polypyrrole/dopamine - graphene incorporated with surface molecularly imprinted polymers thin film for recognition of olaquindox. *Bioelectrochemistry*, 132, 107398 (2020) .

77. Y. Han, R. Zhang, C. Dong, F. Cheng, Y. Guo. Sensitive electrochemical sensor for nitrite ions based on rose-like $AuNPs/MoS_2/graphene$

composite. *Biosens Bioelectron*, 142, 111529 (2019).

78. C. Zhang, J. Ping, Y. Ying, Evaluation of trans-resveratrol level in grape wine using laser-induced porous graphene-based electrochemical sensor. Science of The Total Environment 714, 136681-13668 (2020).

79. C. Zhang, J. Ping, Y. J. T. e. o. t. T. E. Ying. Evaluation of trans-resveratrol level in grape wine using laser – induced porous graphene – based electrochemical sensor. *Science of The Total Environment*, 714, 136681 – 13668 (2020).

80. G. Fadillah, W. Prio Wicaksono, I. Fatimah, T. A. Saleh. A sensitive electrochemical sensor based on functionalized graphene oxide/SnO_2 for the determination of eugenol. *Microchemical Journal*, 105353 (2020).

81. R. Jerome, A. K. Sundramoorthy. Preparation of hexagonal boron nitride doped graphene film modified sensor for selective electrochemical detection of nicotine in tobacco sample. *Analytica Chimica Acta*, 1132, 110-120 (2020).

82. Y. Zhao, *et al.* Electrochemical behavior of reduced graphene oxide/cyclodextrins sensors for ultrasensitive detection of imidacloprid in brown rice. *Food Chem*, 333, 127495 (2020).

83. P. N. D. Duoc, *et al.* A novel electrochemical sensor based on double-walled carbon nanotubes and graphene hybrid thin film for arsenic（Ⅴ）detection. *Journal of Hazard Mater*, 400, 123185 (2020).

84. N. Gao, *et al.* Electrochemical co – deposition synthesis of Au – ZrO_2 – graphene nanocomposite for a nonenzymatic methyl parathion sensor. *Anal Chim Acta*, 1072, 25-34 (2019).

85. S. A. Hashemi, S. M. Mousavi, S. Bahrani, S. Ramakrishna. Integrated polyaniline with graphene oxide – iron tungsten nitride nanoflakes as ultrasensitive electrochemical sensor for precise detection of 4-nitrophenol within aquatic media. *Journal of Electroanalytical Chemistry*, 873, 114406 (2020).

86. E. Topçu. Three-dimensional, free-standing, and flexible cobalt-based metal-organic frameworks/graphene composite paper：A novel electrochemical sensor for determination of resorcinol. *Materials Research Bulletin*, 121, 110629 (2020).

87. Y. Pang, N. Yang, X. Shen, Y. Zhang, L. Feng. Conjugated polymer self-assembled with graphene：Synthesis and electrochemical 1-hydroxypyrene sensor. *Polymer*, 188, 122139 (2020).

88. X. Cui, *et al.* Electrochemical sensor based on ZIF-8-dimethylglyoxime

and β – cyclodextrin modified reduced graphene oxide for nickel（Ⅱ）detection. *Sensors and Actuators B：Chemical*, 315, 128091（2020）.

89. N. P. Shetti, *et al*. Electrochemical detection and degradation of textile dye Congo red at graphene oxide modified electrode. *Microchemical Journal*, 146, 387-392（2019）.

90. S. Lee, J. Oh, D. Kim, Y. Piao. A sensitive electrochemical sensor using an iron oxide/graphene composite for the simultaneous detection of heavy metal ions. *Talanta*, 160, 528-536（2016）.

第六章　石墨烯增强铝基复合材料

铝合金具有低密度、高强度和良好的延展性，在航空航天等领域得到了广泛应用。作为结构材料，其强度的提高一直受到关注。而石墨烯纳米片具有高的强度、大的比表面积，将其添加到铝合金中形成石墨烯增强铝基复合材料是提高铝合金强度的很有前途的方法。

6.1　铝合金轻量化发展背景

铝合金具有高强度和硬度、良好的加工性能、较好的耐蚀性等优点，被广泛应用于航空航天领域。随着汽车轻量化的发展，铝合金部分代替钢铁材料实现减重已成为必然趋势，2016 年工信部发布《节能与新能源汽车技术路线图》，其中，中期重点发展第三代汽车钢和铝合金技术，实现铝合金覆盖件和铝合金零部件的批量生产和产业化应用。根据发展目标，到 2025 年单车用铝超过 250kg，较 2015 年减重 20%；到 2030 年单车用铝超过 350kg，较 2015 年减重 35%。在 1~7 系变形铝合金中，7 系铝合金属于高强度铝合金，常规抗拉强度在 500MPa 以上（常用的两种合金 6 系 250~300MPa，2 系 350~450 MPa），因此，高强度 7 系合金成为重要的铝合金系列，但仍存在强度和塑性不足，在构件轻量化的升级换代中力学性能难以满足的难题。

6.2　铝合金的研究现状

Al-Zn-Mg-Cu 系合金属于可热处理强化铝合金，是所有铝合金中强度最高的合金系列。自 20 世纪 50 年代以来，为了能改善 Al-Zn-Mg 系铝合金的机械性能，研究者们通过在该合金中添加 Cr、Cu 和 Mn 等合金化元素，从而开发出新型 Al-Zn-Mg-Cu 系超硬铝合金，通常称这类屈服强度在 500MPa 以上的铝合金为超高强度铝合金。[1]正是由于 Al-Zn-Mg-Cu 系合金拥有很好的力学性能和优良的热加工性能，同时又兼备良好的可焊性等优点，使得该系合金被广泛应用于轨道交通和航空航天等对材料综合性能要求严苛的领域。[2-5]

图 6.1 是 Al-Zn-Mg-Cu 系铝合金国内外发展历程与方向。[6] Al-Zn-Mg-Cu 系合金是以 1923—1926 年德国科学家 W. Ssander 和 K. L. Meissner 对 Al-Zn-Mg 系合金的研究为基础发展起来的，他们发现 Al-Zn-Mg 三元合金经淬火时效后可获得较高的强度，并认为 $MgZn_2$ 析出相是强化的主要因素，为 Al-Zn-Mg-Cu 系高强铝合金的飞速发展奠定基础。[7-8]最初的 7 系铝合金是由 L. J. 韦伯于 1932 年提出的，在合金中添加了 Cu 的同时加入少量的 Mn，有效地改善了 7 系铝合金抗应力腐蚀性能，但由于仍具有较敏感的应力腐蚀开裂（SCC）倾向而未能得到广泛应用。[9]20 世纪 40 年代初发现 Mn、Cr 等元素可显著改善 Al-Zn-Mg 系合金的抗应力腐蚀和抗剥落腐蚀性能。这样，通过在合金中添加 Mn、Cr 等微量元素提高抗应力腐蚀性能，美国、苏联相继开发出 7075 合金和 B95 高强铝合金，用于制造飞机部件，并开始着手研究超高强铝合金。

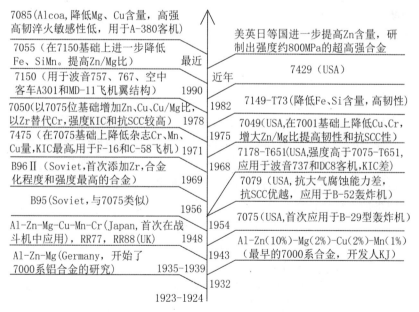

图 6.1　Al-Zn-Mg-Cu 系铝合金国内外发展历程与方向[6]

我国从 20 世纪 60 年代开始，相继对 7 系超高强铝合金开展了研究工作，借鉴与欧美及苏联具有相似的发展路径，开发出适合我国国情的 7 系铝合金，如与 7075 铝合金相近的 7A04 和 7A09 铝合金。在 GB/T31902008 标准中已包括了 23 种 7 系铝合金，但我国的研制多属于仿制，无一自主研发的牌号。我国曾经仿制的 7 系铝合金有：仿美国的 7075、7022、7001、7475、7050、7150 和 7055 铝合金等；仿苏联的 B95、B95пч、B96ц 和 B96ц3 铝合金等。同时，随着科技水平的快速发展，对高强铝合金有着更高的要求，国内 Al-Zn-Mg-Cu系铝合金在强度、延伸率和断裂韧性等性能指标上与国外仍存在一定的差距。

尽管我国在高强铝合金研发方面取得了一定成果，但明显存在研发难度大、周期长（如新合金开发、合金元素作用机制和热处理机制等）的现象，以及科研创造性、辐射性、深入性不够等问题，与国外先进水平的铝合金技术相比仍有很大差距。主要表现在合金化设计理论研究、合金强化机制、合金相形成和转变过程及机制、热处理基础理论和塑性变形机制等基础理论研究较少，长远发展动力不足。合金的熔铸、塑性成型和热处理等生产工艺方面的研发或改善相对国外明显落后。特别是工业化条件下高强高韧铝合金的铸造（如大尺寸铸锭的铸造成形、晶粒度控制、非平衡结晶相控制及微合金化元素存在形态控制等）、压力加工和热处理方面研究较少。新合金开发方面处于仿制向自主开发过渡阶段，我国研制的新合金品种无超高强铝合金，一些发达国家除了不断改良旧合金、开发新合金外，对大部分合金根据其用途和品种的不同，制订了相应的内控标准，这一点在我国没有得到足够重视。同时，缺少独立的前瞻性研究，企业缺乏自主开发的新产品和特色产品，主动开发产品和开发市场的能力较弱。

综上分析，我国在 7 系合金中研发方面存在不足，为补充我国新材料领域原始创新能力的不足，济南大学积极开展与企业合作，借助于企业已有的市场和设备条件，建立自主知识产权的研发体系，发展纳米相增强 7 系高强高韧合金。通过解决石墨烯改性、石墨烯–铝界面润湿、纳米相均匀分散等工艺难点，采用水冷半连续铸造工艺成功开发我国具有自主知识产权的石墨烯增强铝基复合材料，可生产直径 6~20 英寸（1 英寸 = 2.54cm）多系列、大尺寸铸棒，结合汽车构件的轻量化设计，实现多尺寸型材的生产，具有成本低、生产效率高、材料均匀性好等优点。在设计理论上，复合材料兼顾了纳米相添加产生的晶粒细化强化、亚结构细化强化、第二相强化、位错强化等多种强化机制，解决传统合金化方法强度和塑性不可兼得的体系设计瓶颈，实现高强韧性的石墨烯增强铝基复合材料高效、稳定生产，实现石墨烯增强铝基复合材料的工业化制备。

6.3 石墨烯材料在铝基复合材料中的研究

6.3.1 石墨烯纳米片（GNP）添加细化 7075 合金铸态组织

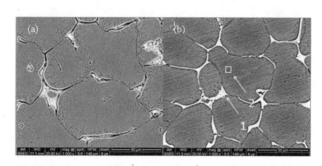

图 6.2 铸态组织的微观形貌（a）7075 合金，（b）GNP-7075 铝基复合材料

　　铸态 7075 合金和 GNP-7075 铝基复合材料组织均呈晶粒等轴状，晶界呈枝晶状，枝晶间存在黑色层状非平衡共晶结构，见图 6.2。铸造过程中的冷速很快，发生不平衡结晶。当液相合金到达液相线时，首先析出 α-Al 固溶体，随着温度继续降低，α-Al 固溶体逐渐长大，呈等轴晶状。随着 α-Al 固溶体的长大，Zn、Mg、Cu 等溶质向液相扩散，使后凝固的液相区域溶质浓度过高。当温度继续下降到共晶组成区时，即达到共晶温度，发生共晶反应，生成非平衡共晶组织。分别对晶界和基体进行分析，其中，点 1 为晶界，点 2 为基体成分，可以认为晶界处的非平衡共晶组织为 Mg（Zn，Al，Cu）$_2$。[10]

　　添加 GNP 后的复合材料的晶粒尺寸明显小于 7075 铝合金，见图 6.3。铸态 7075 铝合金和 GNP-7075 的平均粒径约为 78μm 和 45μm，通过计算 7075 合金和 GNP-7075 铝基复合材料的晶粒尺寸均值、方差和标准差，可以发现加入 GNP 后晶粒尺寸分布更加集中。在冷却过程中，二维平面的 GNP 为铝的形核提供了成核支点，降低形核过程中的表面能，进而降低形核能，使形核过程易于实现，从而使晶粒得到细化。[11-14] 添加 GNP 之后的临界成核功总是低于不添加 GNP，而少量的 GNP 由于具有较大的比表面积，约为 2630m^2/g，因此，大多数铝液都可以依附 GNP 表面进行形核，从而产生较强的细化效果。

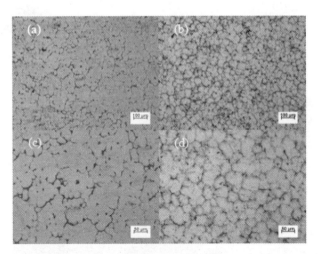

图6.3　金相显微组织（a）、（c），7075 铝合金；（b）、（d），GNP-7075 铝基复合材料

6.3.2　GNP-7075 复合材料均匀化过程中的组织演变

对 7075 合金和 GNP-7075 铝基复合材料进行均匀化退火处理，扫描形貌见图 6.4。可以看出原本在晶界处连续的非平衡共晶组织呈断裂状并且在晶内出现均匀分散的白色析出相。整个均匀化退火过程可以分为 3 个步骤，晶界变化示意图见图 6.5。[15] 首先，在均匀化过程初期，晶界处非平衡共晶组织开始变化，但仍为层片状，只是局部的非平衡共晶相 Mg（Zn，Al，Cu）$_2$ 变窄。随着均匀化时间的增加，Al_2CuMg 相在非平衡共晶相上形成，继续均匀化，Mg（Zn，Al，Cu）$_2$ 含量降低，Al_2CuMg 相的含量增加，非平衡共晶组织逐渐减少，呈孤立的第二相。随着均匀化时间继续增加，晶界处非平衡共晶组织的溶质原子回溶到晶内，并生成细小 Al_2CuMg 相。

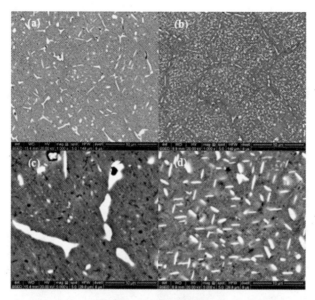

图 6.4 465℃保温 16h 均匀化退火后的扫描形貌

（a）、（c），7075 铝合金；（b）、（d），GNP-7075 铝基复合材料

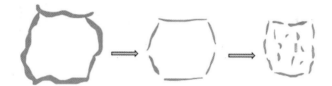

图 6.5 均匀化热处理过程中晶界组织演变机理示意图

6.3.3 GNP-7075 铝基复合材料固溶时效过程的组织演变

6.3.3.1 GNP 对 GNP-7075 铝基复合材料析出相、无沉淀析出带、位错的影响

（1）GNP 对 GNP-7075 复合材料析出相的影响

GNP 的添加不仅导致晶粒细化而且还影响晶粒内部的沉淀相。图 6.6 是 GNP-7075 铝基复合材料和 7075 铝合金的 TEM 图像。T6 态 GNP-7075 铝基复合材料和 7075 铝合金的溶质原子团聚（GP）区，η' 和 η 相析出物的形貌，尺寸和数量密度不同。在早期时效阶段，大量的溶质原子从铝晶格中析出，并聚集形成 GP 区。随着时效过程的进行，一部分 GP 区逐渐转变为 η' 相。而且，

这时主要的强化相是 GP 区和 η′相。随后的强化机理分析需要沉淀相的平均长度 l 和沉淀相的间距 λp，因此，我们从 10 个代表性 TEM 图像中对其进行了估算。GNP-7075 铝基复合材料和 7075 铝合金均具有大量的纳米 GP 区，平均直径为 3~4nm，并具有棒状 η′析出相。图 5（a）（b）显示，GNP-7075 铝基复合材料和 7075 铝合金中的析出相的平均长度分别为 4.9nm 和 5.2nm。添加 GNP 会化沉淀相主要归因于添加 GNP 引入的晶格缺陷是异质成核的首选位点。更进一步，大部分的 η 相（红色圆圈）主要在晶界和亚界处沉淀析出，而 η′强化相主要形成在晶粒内（图 6.6（c））。

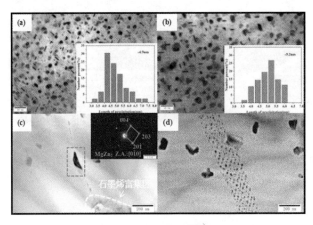

图 6.6　TEM 明场像和沉淀相尺寸分布
（a）、（c），GNP/7075 铝基复合材料；
（b）、（d），7075 铝合金

（2）GNP 对 GNP-7075 铝基复合材料无沉淀析出带的影响

图 6.7 是 GNP-7075 铝基复合材料和 7075 铝合金的 TEM 图像。微观结构的变化可以引起强度和耐腐蚀性能的变化。据报道，晶界无析出带（PFZ）的增宽可提高合金耐腐蚀性，因为这些合金中的晶界沉淀物相对于铝基体充当阳极。由于晶界沉淀相与铝基体的电位差高于晶界沉淀相与 PFZ 的电位差，因此，PFZ 的增宽大大提高了合金的耐蚀性。GNP 的添加使 GNP-7075 铝基复合材料的 PFZ 宽度由 51.6nm 减少至 21.7nm，会导致 GNP-7075 铝基复合材料的耐腐蚀性能低于 7075 铝合金。因此，需要通过后期的热处理工艺提高 GNP-7075 铝基复合材料的耐腐蚀性能。另外，GNP 的添加导致 GNP-7075 铝基复合材料的主要强化相 GP 区和 η′相更细小且弥散分布，进而使 GNP-7075 铝基复合材料的最终性能得到显著提升。

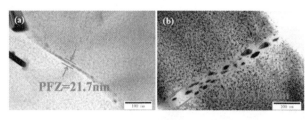

图 6. 7 GNP-7075 铝基复合材料和 7075 铝合金的 TEM 图像

(a) GNP-7075 铝基复合材料，(b) 7075 铝合金

（3） GNP 对 GNP-7075 铝基复合材料位错的影响

进一步分析 GNP/7075 铝基复合材料和 7075 铝合金的相组成并计算晶格畸变和位错密度，对其进行了 X 射线衍射分析（XRD）。显示了 GNP/7075 铝基复合材料和 7075 铝合金含有大量的 GP 区和 η′相。同时，还存在明显的 Al 峰和弱的 η 相峰，研究结果与 Kaka 的研究相对应。[16] 将对应于最强峰 Al (111) 的晶体表面的布拉格角（θ）替换为布拉格公式和晶体表面间距的计算公式。与 Al 的粉末衍射卡片数据库相比，计算得出 GNP/7075 铝基复合材料和 7075 铝合金的晶格畸变分别为 0. 2% 和 0. 5%。

基于 X 射线衍射，可以使用 Williamson-Hall 方法计算金属材料中的位错密度（ρ）。[17-19] 计算得出，GNP-7075 铝基复合材料和 7075 铝合金的位错密度分别为 $1.1×10^{15}/m^2$ 和 $4.1×10^{14}/m^2$。本工作计算出的位错密度与目前所研究铝合金中的位错密度相似。例如，刘等人通过 XRD 衍射计算出了在不同温度下等通道转角挤压（ECAP）6013 铝合金的位错密度为 $1.2～1.7×10^{14}/m^2$。[20] 席勒等人通过 XRD 计算出了 200℃ 下 ECAP 7000 系列铝合金的位错密度为 $3.4×10^{14}/m^2$。[21] GNP 的添加导致 GNP-7075 铝基复合材料具有比 7075 铝合金更高的位错密度。这主要由于当加工温度降至室温时，GNP 和铝基体之间的热膨胀系数差异很大，在界面处会产生高残留应力。在随后的时效过程中，残余应力的释放表现为大量位错的产生。

图 6. 8 是 GNP-7075 铝基复合材料和 7075 铝合金的明场 TEM 图像。GNP-7075 铝基复合材料的位错密度比 7075 铝合金的位错更高，且未产生位错塞积（图 6. 9 (a) (c)）。图 6. 9 (d) 显示了 7075 铝合金中存在少量的位错和析出相（黄色圆圈）。另外，晶粒内尺寸约为 200nm 的棒状析出相与为错有交互作用。通常认为棒状析出相是在铸造过程中产生的 Al_2CuMg 或 $Al_{18}Cr_2Mg_3$ 相。[22]

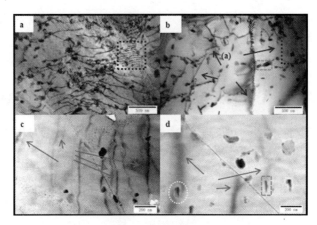

图 6.8　TEM 明场像

(a)、(c)，GNP-7075 铝基复合材料；(b)、(d)，7075 铝合金

6.3.3.2　GNP-铝界面形貌

　　增强体 GNP 的形态、分布和基体之间的界面结合情况对复合材料起着至关重要的作用。图 6.9 显示出了 GNP 与铝界面的 TEM 和 HRTEM 图像。图 6.9（a）和（b）为 GNP 在复合材料之中的宏观形貌图像。GNP 展现出较好的形态。图 6.9（c）和（d）为 GNP 的 HRTEM 图像，从图中可以看出，GNP 与基体的结合情况良好，无孔洞、缺陷和 Al_4C_3 等界面反应物的生成。但是，对于复合材料之中多个 GNP 的分布情况即使在透射电镜下也很难看到，这主要是因为 GNP 本身的性质和结构所决定的。与 SiC、Al_2O_3 等增强体相比来说，GNP 在基体之中由于本身独特的二维平面结构，使其在变形过程之中会随着基体进行协同变形。在低倍镜下，可能会观察到少部分的 GNP 会呈线型分布，而在高倍镜下就会展现出褶皱状（如图 6.9（c）和（d）所示）。

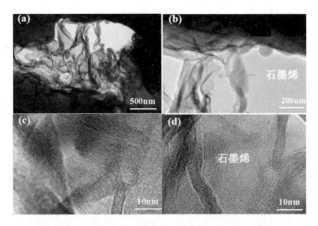

图 6. 9　GNP-铝界面的 TEM 和 HRTEM 图像

6.3.4　GNP-7075 铝基复合材料固溶时效后力学性能及断裂机制分析

6.3.4.1　GNP 添加对多种固溶时效工艺下 GNP-7075 铝基复合材料力学性能的影响

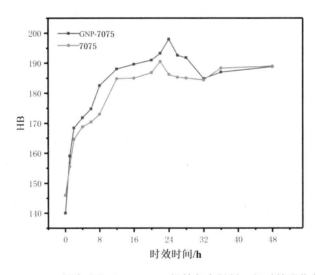

图 6. 10　7075 铝合金和 GNP-7075 铝基复合材料一级时效硬化曲线

对挤压态的 GNP-7075 铝基复合材料进行固溶处理，工艺为 470℃保温 2h，水淬，之后进行不同时效处理。对不同时效时间处理后的试样进行硬度测试，见图 6.10。从图中可以看出，添加 GNP 的 7075 铝基复合材料经过固溶时效处理后，硬度比 7075 铝合金高。对于 GNP-7075 铝基复合材料，硬度值从淬火态的 140HB 到时效 2h 的 168.4HB，硬度值明显上升，之后硬度值上升较缓慢，在 24h 时，硬度达到最大，为 198HB。而 7075 铝合金硬度最大值为 190.5HB，添加 GNP 后硬度提升了 4%。GNP 添加后，硬度较 7075 铝合金高的原因有两点，一是 GNP 的添加，有效地细化了 GNP-7075 铝基复合材料的晶粒，增加了晶界数目，抑制了位错运动；二是 GNP 与铝基体之间形成了良好的界面，GNP 承担了部分载荷。

GNP-7075 铝基复合材料的双级时效包括低温时效和高温时效两个过程。低温时效也称预时效，这一阶段属于成核阶段，目的是形成大量 GP 区。高温时效则会在晶粒内形成分散的短棒状 η' 相，在晶界上会形成粗大的 η 相。

图 6.11 是 7075 铝合金和 GNP-7075 铝基复合材料二级时效硬化曲线。虚线前为单级时效 12h 以内的硬度，虚线之后为二级时效的硬度。在单级时效中，GNP-7075 铝基复合材料布氏硬度在 24h 达到了最高值，为 198HB；而在双级时效中，GNP-7075 铝基复合材料的布氏硬度在 8h 达到了最高值，为 200.6HB，说明双级时效强化效果更好。

在第一级时效过程中，从前面的研究中可以知道，在 120℃下时效到一定阶段后，GNP-7075 铝基复合材料首先析出 GP 区，随后析出 η' 相，其中，GP 区在二级时效过程中起着非常重要的作用。在第二级时效过程中，能在 GP 区上形成 η' 相形核点，产生新的弥散细小的 η' 相，使 η' 相数目增多；另一部分在第一级时效过程中形成的 η' 相会继续长大。从一级时效和二级时效的峰时效中比对，见图 6.11，也可以看出二级时效下的相分布更加弥散。

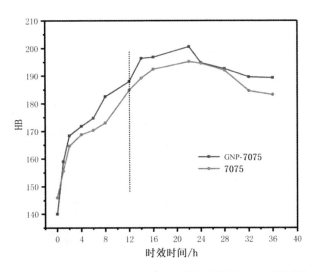

图 6.11 7075 铝合金和 GNP-7075 铝基复合材料二级时效硬化曲线

单级时效下，材料起主要强化作用相为 GP 区和 η′两相；双级时效下，材料起主要强化作用的相变成了较细的 η′相。从一级时效和二级时效的时效硬化曲线中，能看到二级时效的峰时效硬度比一级时效峰时效硬度大，可以认为，较细的 η′相强化效果要比 GP 区和 η′两相强化效果要好。

通过拉伸试验确定的 T6 态 GNP-7075 铝基复合材料和 7075 铝合金的力学性能如图 6.12 所示。T6 态 7075 铝合金的屈服强度和抗拉强度分别为 503MPa 和 572MPa。与 7075 铝合金相比，T6 态 GNP-7075 铝基复合材料的屈服强度和抗拉强度分别提高了 15% 和 10%，分别达到 578MPa 和 632MPa。GNP-7075 铝基复合材料和 7075 铝合金的伸长率分别为 10% 和 8%。GNP 的添加提高 GNP-7075 铝基复合材料力学性能的主要原因有两个，一是 GNP 均匀分散，阻碍了位错的运动，提高了强度；二是 GNP 与铝基体之间形成了良好的界面，GNP 承担了部分载荷，提高了强度。而伸长率由 8% 提高到 10%，说明添加 GNP 后，在提高强度硬度的基础上，塑性也有一定的提高。主要由于 GNP 的添加，细化了晶粒，增加了晶界，使得 GNP-7075 铝基复合材料的塑性也有提高。

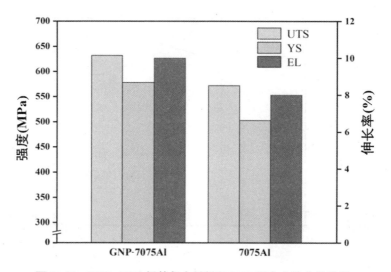

图 6.12　GNP-7075 铝基复合材料和 7075 铝合金的力学性能

6.3.4.2　GNP 添加对 GNP-7075 铝基复合材料断裂机制的影响

T6 处理后的 GNP-7075 铝基复合材料和 7075 铝合金的典型放大断口形貌图如图 6.13 所示。从图中可以发现，未添加 GNP 的 7075 铝合金的断口存在大量孔洞，孔洞的产生原因为断口界面第二相的脱落。而添加 GNP 后的 7075 铝基复合材料，空洞数量有所下降，也能说明 GNP 的加入使得复合材料的塑性有一定提升。同时，发现撕裂棱的存在，周围还存在着比较小的韧窝（箭头处），说明复合材料有一定的塑性变形量。拉伸断口基本以剪切断裂为主，同时存在少量的沿晶断口，这是由于晶界析出的第二相强度与基体差别明显所导致。

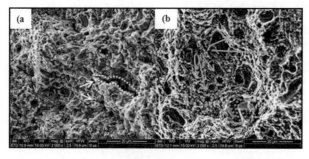

图 6.13　（a）GNP-7075 铝基复合材料和（b）7075 铝合金的 SEM 断口形貌图

6.3.4.3　GNP-7075 铝基复合材料增强机制分析

为了分析 GNP 对 7075 铝合金力学性能的贡献，可以将 GNP-7075 铝基复合材料的屈服强度分为几部分：固溶强化，晶界强化，析出-弥散强化和位错强化。[23-28]

（1）固溶强化

溶质原子溶解到晶格中，导致晶格变形并增加了抗滑移性，从而提高了强度和硬度。溶质元素的功能主要是弹性相互作用、化学相互作用和电子相互作用。固溶强化（σ_{ss}）由 Fleischer 方程[29]可以看出，σ_{ss} 取决于溶质与基体之间的剪切模量差和晶格应变，这主要与溶质浓度以及溶质与基体原子之间的尺寸差有关。由 Zn、Mg、Cu 原子和 Al 原子之间的半径差及其对屈服强度的贡献，可以看出，GNP-7075 铝基复合材料和 7075 铝合金中 Zn、Mg 和 Cu 溶质对屈服强度的贡献分别为 16.24MPa、48.36MPa 和 20.01MPa，对屈服强度的总贡献为 84.8MPa。考虑到溶质原子（Zn，Mg，Cu）不能完全溶解在 Al 的晶格中，其中一些在时效过程中会析出。以上提供的对屈服强度的贡献是上限值，并且其对屈服强度的真实贡献低于 84.8MPa。在上述研究中，发现添加 GNP 可以将晶格畸变从 0.5% 降低到 0.2%，也就是说，更多的溶质原子会在晶界而不是在 Al 晶格内部沉淀出来，从而导致固溶强化作用减弱。

（2）晶界强化

晶粒越细，晶界越多，对位错运动的抵抗力越强。晶界强化机制通常用霍尔-佩奇方程[16]。Maung 等人发现当晶粒尺寸小于 110nm 时，Hall-Petch 行为变为逆 Hall-Petch 行为。[30]然而，本文制备材料的晶粒尺寸远大于 110nm，因此强化机理仍然是 Hall-Petch 行为。沃特等人研究了晶粒尺寸对 7xxx 系列铝合金屈服强度的影响，发现 T6 态 7075Al 合金的 Hall-Petch 系数 k_y 为 0.12MPa/m^2。[23]假设 GNP-7075 铝基复合材料和 7075 铝合金的 σ_0 值相同，并且增加的屈服强度 $\Delta\sigma_y$ 与 $d^{-\frac{1}{2}}$ 成比例，则 GNP-7075 铝基复合材料和 7075 铝合金由晶界强化所贡献的屈服强度分别为 52MPa 和 36MPa。

（3）沉淀强化

在时效过程中，固溶体原子从 Al 晶格中析出形成析出相，阻碍位错线的移动，从而提高了合金的强度。T6 态 GNP-7075 铝基复合材料和 7075 铝合金的主要强化相为 η′ 相，强化机理为 Orowan 强化。σ_{Orowan} 可以通过以下公式计算得出，GNP-7075 铝基复合材料和 7075 铝合金由 Orowan 强化所贡献的屈服强度分别为 388MPa 和 361MPa。[25,27]

（4）位错强化

GNP-7075 铝复合材料和 7075 铝合金的位错强化（σq）可由泰勒方程[31]计算得出，GNP-7075 铝基复合材料和 7075 铝合金由位错强化所贡献的屈服强度分别为 156MPa 和 95MPa。

由四种机理产生的屈服强度增量可以看出，添加 GNP 可以增强晶界强化、沉淀相强化和位错强化并减少固溶强化。

6.3.5　GNP-7075 铝基复合材料腐蚀性能

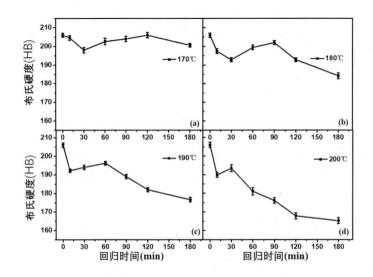

图 6.14　不同回归温度下 GNP-7075 铝基复合材料的布氏硬度曲线
（a）170℃，（b）180℃，（c）190℃，（d）200℃

图 6.14 显示 GNP-7075 铝基复合材料在（a）170℃，（b）180℃，（c）190℃和（d）200℃回归温度下的布氏硬度曲线。在图 6.14 中可以观察到，对于四个温度可以观察到类似的趋势。GNP-7075 铝基复合材料的布氏硬度首先降低到谷值，然后上升到峰值。再随着回归时间的延长，硬度开始单调下降。在回归早期，硬度值显著下降是由于不稳定 GP 区的部分重新溶解。晶粒内与 Al 基体半共格的 η′（MgZn₂）相的重新析出和生长是造成硬度恢复的主要原因。最终，硬度在回归末期单调下降，这主要是由于晶粒内部和晶界处的 η′（MgZn₂）相逐渐粗化。此外，该曲线表明，随着温度的回升，硬度在初始阶段更加迅速地降低，并且达到峰值的时间缩短。200℃时，在 30min 时可获

得硬度峰值（193.4HB）。随着回归温度降低到 190℃，180℃，170℃，回归时间分别延长到 60min（196.2HB），90min（202.4HB），120min（206.3HB）。产生上述现象的主要原因是，随着温度的升高，不稳定的 GP 区加速重新溶解，η'（MgZn2）析出相变粗大。

图 6.15 和 6.16 显示了 GNP-7075 铝基复合材料在不同回归温度下的典型的极化曲线。从图 6.15 和图 6.16 可以看出，它们在各种 RRA 工艺中显示出相似的形状。不同回归温度和时间的腐蚀电位（Ecorr）值无明显差异。但是，点蚀电位（Epit），钝化电位（Epit-Ecorr）和腐蚀电流密度（Icorr）值存在明显差异。在 RRA180℃过程中，随着回归时间的延长，点蚀电位（Epit）从 -0.866V 增加到 -0.719V，钝化电位（Epit-Ecorr）从 0.507V 上升到 0.570V，点蚀电流密度（Logicorr）分别为 -1.784，-1.798，-1.801，-1.836 和 -1.947A/cm^2。

根据电化学原理，可以通过提高正点蚀电位、更大的钝化间隔和更小的点蚀电流密度来提高 GNP-7075 铝基复合材料的耐腐蚀性。可以得出结论，耐点蚀性能在整个回归时间内持续增加。发生这种变化的原因是随着回归时间的增加无沉淀析出区（PFZs）中的铜原子浓度显著降低，并且晶界处的铜原子发生偏析。此外，由于晶界处 η 相的连续网络在回归阶段中变粗而导致其不连续，这也是提高复合材料耐点蚀性能的另一个重要原因。

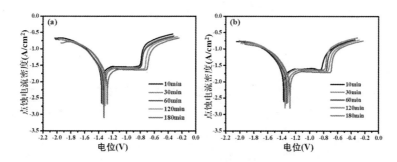

图 6.15　不同回归温度下 GNP-7075 铝基复合材料的电位动力学极化曲线
(a) 170℃, (b) 180℃

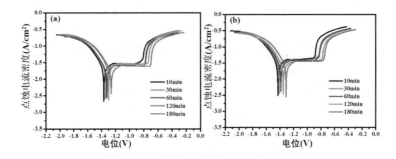

图6.16　不同回归温度下 GNP-7075 铝基复合材料的电位动力学极化曲线
(a) 190℃, (b) 200℃

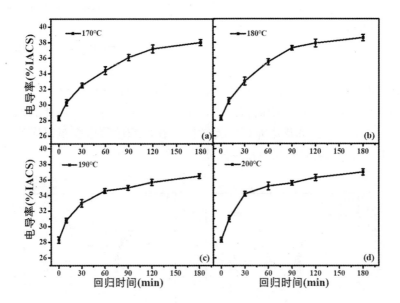

图6.17　不同回归温度对 GNP-7075 铝基复合材料电导率的影响
(a) 170℃, (b) 180℃, (c) 190℃, (d) 200℃

GNP-7075 铝基复合材料在不同的回归温度下的电导率曲线如图6.17 所示。从图中可以看出，随着回归时间的延长，电导率从快速增加到缓慢增加。导电性能可以反映耐腐蚀性。因此，耐腐蚀性和导电性具有相同的趋势。合金的电导率与基质中相干相周围的应力场的变化以及基质中溶质原子的固溶度密切相关。随着回归时间的延长，合金基体中新的且与铝基体半共格的 η′ 相形成和逐渐生长会消耗一些溶质原子，从而导致基体的固溶度降低。因此，电导率迅速增加。继续延长回归时间，铝基体中 η′ 相和 η 相大量析出，从而降低了基体中溶质原子的含量，减弱了晶格畸变的能力，导致复合材料的电导率缓慢上升。此外，随着回归温度的升高，GNP-7075 铝基复合材料的电导率可在短时间内迅速提高。

图 6.18 是经 180℃，120min 回归处理后 GNP-7075 铝基复合材料在晶界处的 TEM 明场像。图 6-20 表明，在 180℃，120min 的 RRA 处理下，η 析出相不连续地分布在晶界，因此它不易发生点蚀。然而，当 η 相在晶界连续分布，相应的合金容易受到腐蚀。[32,33]另外，在晶粒内有大量均匀分布的 GP 区（球形颗粒），并且随着回归时间的延长 GP 区逐渐转变为 η′（MgZn$_2$）相。

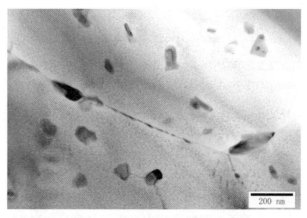

图 6.18　经 180℃，120min 回归处理后 GNP-7075 铝基复合材料在晶界处的 TEM 明场像

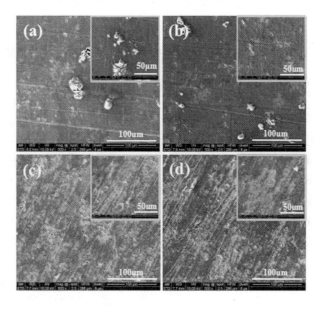

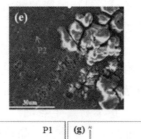

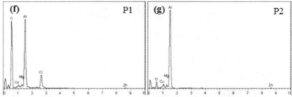

图 6.19　不同回归处理工艺下 GNP-7075 铝基复合材料的腐蚀形貌图（a）170℃，120min；（b）180℃，90min；（c）190℃，60min；（d）200℃，30min；（e）（f）和（g）EDS

图 6.19 给出了 GNP-7075 铝基复合材料在不同的回归处理过程中的腐蚀形貌。可以观察到复合材料中存在许多腐蚀裂纹和微孔。经过 RRA180℃，90min 处理后，腐蚀坑最小。然而，在 RRA190℃，60min 下，复合材料表面的点蚀坑和腐蚀裂纹最深。腐蚀坑变浅的主要原因是 η 相变得更粗大且不连续。值得注意的是，在复合材料表面上发现了一些腐蚀产物。从图 6.19（f）和（g）可以证实，氧原子在腐蚀产物中产生，其含量达到 77.38%，而铝基体中的氧含量仅为 0.49%。因此，我们可以推断出腐蚀产物是铝的氧化物。

6.4　GNP/铝复合材料在其他方面应用的展望

铝及铝合金具有低密度、高强度和良好的延展性等优良特性，广泛应用于航空航天、轨道交通领域。通过合金化等方式可改善其性能，但提升的幅度有限。GNP 是碳原子以 sp^2 杂化形成的二维碳材料。GNP 作为一种新兴的碳材料，由于其非凡的机械性能和物理性能而被认为是复合材料中一种非常优异的纳米增强体材料。[34, 35] 与其他的碳材料相比较来说，GNP 因为具有独特的二维结构、超大的比表面积等突出的特性，这使其成了复合材料的优良的替代增强材料。GNP 铝基复合材料的主要制备方法为粉末冶金法，包括热压烧结、热等静压、热挤压、微波烧结等。压力浸渗法、搅拌铸造法和原位生成法等也被用于 GNP 铝基复合材料的制备。

GNP 在铝及铝合金材料上的应用也取得了一定的进展，尤其是 GNP 用于输电行业，提升散热、导电性材料的研发方面取得较为明显的成果，GNP 应用于铝基导线、导电杆、电缆等产品已有相关报道。目前，国内电缆、电线行业正处于瓶颈期，对新技术、新产品的应用需求迫切。在电线、电缆中添加 GNP 可得到具有独特优势和更加优异性能的产品，相对于普通的传统电线、电缆发展前景广阔。GNP 铝基复合材料研究、应用走在了 GNP 增强金属基复合材料的前列，极大地推动了 GNP 在金属材料中的广泛应用。

从目前的研究来看，GNP-Al 复合材料的研究从最开始的难以制备到现在的实验室制备已经达到了相对成熟的阶段。但仍然存在部分问题需要解决。主要存在以下几方面的问题。

1）GNP 增强体的分散问题对于复合材料性能提升起关键作用。因此，在实验过程中要通过制备方法的选择和优化以减少 GNP 的团聚现象，使 GNP 增强体的作用最大化，显著地提高合金的力学性能。

2）GNP 增强体与基体之间的界面结合以及界面反应物也是决定复合材料性能的关键因素。在不同的制备方法中，应避免 GNP 与基体之间在过高的温度下发生反应，控制界面处大块的 Al_4C_3 相的生成，使 GNP 的复合材料达到最好的增强效果。材料的应用是材料发展的必然道路。目前来看，由 GNP 增强的复合材料在实验室制备方面已经取得了一定的进展，可以制备出实验室用的 GNP-Al 复合材料，在制备较大的器件方面仍存在经验不足等缺点。通过实验研究为制备出更贴近实际生产的较大器件提供理论思路。

3）GNP 增强金属基复合材料中的强化机制尚不明确。为了获得高性能的 GNP 增强金属基复合材料，还需对增强机制进行更深入研究，以便更好发挥各种强化机制的协同作用，发展更有效的制备方法。

4）制定最优化的生产工艺制备低成本 GNP 增强金属基复合材料是实现其批量化生产和工业化应用的永恒主题。

参考文献

1. 陈昌麒. Al-Zn-Mg-Cu 合金的发展 [J]. 中国有色金属学报, 2002, 12 (3): 22-27.

2. Heinz A, Haszler A, Keidel C, et al. Recent development in aluminium alloys for aerospace applications [J]. Materials Science & Engineering A, 2000, 280

（1）：102-107.

3. 杨守杰, 戴圣龙. 航空铝合金的发展回顾与展望 ［J］. 材料导报, 2005, （02）：76-80.

4. Deshpande N. U., Gokhale A. M., Denzer D. K., et al. Relationship between fracture toughness, fracture path, and microstructure of 7050 aluminum alloy：Part I. Quantitative characterization ［J］. Metallurgical & Materials Transactions A, 1998, 29 （4）：1191-1201.

5. 樊喜刚. Al-Zn-Mg-Cu-Zr 合金组织性能和断裂行为的研究 ［D］. 哈尔滨工业大学, 2007.

6. 熊明华. Al-Zn-Mg-Cu 合金形变热处理工艺的研究 ［D］. 湖南大学, 2012.

7. Polmear I. J. Aluminium Alloys-A Century of Age Hardening ［C］. Materials forum, 2004, 28：1-14.

8. Hunsicker H. Y. Development of A1-Zn-Mg-Cu alloys for aircraft ［J］. Philosophical transactions for the royal society of london. series A, mathematical and physical sciences, 1976：359-376.

9. 弗里德良杰尔, 吴学. 高强度变形铝合金 ［M］. 上海科学技术出版社, 1963.

10. Y. F. Dong, B. H. Ren, K. Wang, et al., *Mater. Res. Express* 7, 026510 （2020）.

11. P. C. Ma, N. A. Siddiqui, G. Marom, et al., *Composites*, Part A 41, 1345 （2020）.

12. S. Venkatesana and M. A. Xaviorb, *Proce Manufacturing* 30, 120 （2019）.

13. 刘云旭. 金属热处理原理 ［M］. 北京：机械工业出版社, 1981.

14. 崔忠圻. 金属学与热处理 ［M］. 北京：机械工业出版社, 2007.

15. 樊喜刚. Al-Zn-Mg-Cu-Zr 合金组织性能和断裂行为的研究 ［D］. 哈尔滨工业大学, 2007.

16. K. Ma, H. Wen, T. Hu, et al., Mechanical behavior and strengthening mechanisms in ultrafine grain precipitation-strengthened aluminum alloy, Acta Mater. 62, 141 （2014）.

17. G. K. Williamson and R. E. Smallman, Dislocation densities in some annealed and cold-worked metals from measurements on the X-ray debye-scherrer spectrum, *Philos. Mag.* 1, 34 （1956）.

18. G. K. Williamson and W. H. Hall, *Acta Metall.* 1, 22 （1953）.

19. C. E. Krill and R. Birringer, *Philos. Mag.* A 77, 621 (1998).

20. M. P. Liu, T. H Jiang, J. Wang, et al., Aging behavior and mechanical properties of 6013 aluminum alloy processed by severe plastic deformation. *Trans. Nonferrous Met. Soc. China* 24, 3858 (2014).

21. I. Schiller, J. Gubicza, Z. Kovács, Q. N. Chinh and J. Iiiy, Precipitation and mechanical properties of supersaturated Al-Zn-Mg alloys processed by severe plastic deformation, *Mater. Sci. Forum* 519, 835 (2006).

22. A. Azarniya, A. K. Taheri and K. K. Taheri, Recent advances in ageing of 7xxx series aluminum alloys: A physical metallurgy perspective, *J. Alloys Compd.* 781, 945 (2019).

23. J. B. Ferguson, B. F. Schultz, D. Venugopalan et al., On the Superposition of Strengthening Mechanisms in Dispersion Strengthened Alloys and Metal Matrix Nanocomposites (MMNCS): Considerations of Stress and Energy, *Met. Mater. Int.* 20, 375 (2014).

24. L. H. Dai, Z. Ling and Y. L. Bai, Size-dependent inelastic behavior of particle-reinforced metal-matrix composites, *Compos. Sci. Technol.* 61, 1057 (2001).

25. Z. Zhang and D. L. Chen, Consideration of Orowan strengthening effect in particulate-reinforced metal matrix nanocomposites: A model for predicting their yield strength, *Scr. Mater.* 54, 1321 (2006).

26. J. B. Ferguson, X. Thao, P. K. Rohatgi et al., Computational and analytical prediction of the elastic modulus and yield stress in particulate-reinforced metal matrix composites, *Scr. Mater.* 83, 45 (2014).

27. H. Wen, T. D. Topping, D. Isheim, et al., Strengthening mechanisms in a high-strength bulk nanostructured Cu-Zn - Al alloy processed via cryomilling and spark plasma sintering, *Acta Metall.* 61, 2769 (2013).

28. D. N. Seidman, E. A. Marquis and D. C. Dunand, Precipitation strengthening at ambient and elevated temperatures of heat-treatable Al (Sc) alloys, *Acta Metall.* 50, 4021 (2002).

29. R. L. Fleischer. Solution hardening by tetragonal distortions: application to irradiation hardening in FCC crystals, *Acta Metall.* 10, 835 (1962).

30. K. Maung, J. C. Earthman and F. A. Mohamed, Inverse Hall-Petch behavior in diamantane stabilized bulk nanocrystalline aluminum. *Acta Metall.* 60, 5850 (2012).

31. J. Gubicza, N. Q. Chinh, Gy. Krallics, et al., Microstructure of ultrafine-grained fcc metals produced by severe plastic deformation, *Curr. Appl. Phys.* 6, 194 (2006).

32. J. F. Li, Z. Q. Zheng, S. C. Li, et al., Simulation study on function mechanism of some precipitates in localized corrosion of Al alloys. *Corros. Sci.* 49, 2436 (2007).

33. N. C. Danh, K. Rajan and Wallace W, TEM study of microstructural changes during retrogression and reaging in 7075 aluminium alloy, *Metall. Trans. A.* 14, 1843 (1983).

34. X. R. Liu, D. J. Wei and L. M. Zhuang, Fabrication of high-strength graphene nanosheets/Cu composites by accumulative roll bonding, *Mater. Sci. Eng. A*, 642, 1 (2015).

35. J. H. Wang, T. Yoon and S. H. Jin, Enhanced Mechanical Properties of Graphene/Copper Nanocomposites Using a Molecular - Level Mixing Process, *Adv. Mater.* 25, 6724 (2013).

第七章　石墨烯材料在环境领域的应用

环境污染与人类的健康息息相关，据估计全球每年有近 900 万人死于环境污染，占全球总死亡人数的 16%，是艾滋病、肺结核及疟疾所导致死亡人数之和的三倍还多。其中，因水污染而丧生的人数每年约 180 万人，因空气污染而丧生的人数每年约 640 万人。[1]因此，如何有效地控制和处理好水污染、空气污染等环境问题成为全人类共同面临的一大挑战。吸附过滤法是去除有毒有害物质的一种绿色高效的方法，其中，吸附材料是该方法的核心，而目前的吸附材料普遍存在吸附量少、吸附效率低等问题，开发高效低成本的新型吸附材料仍是环保领域亟须解决的一个重要问题。由于具有极高的比表面积和出色的力学性能，同时表面可修饰丰富的化学基团，石墨烯材料非常适合用作环保领域中的过滤和吸附材料。特别是三维石墨烯，因具有高比表面积、高导电性、优异的化学稳定性和良好的热稳定性等优点，已在环保、催化、传感、能量转换与存储、储氢与产氢等多个领域得到了广泛的研究。但如何将二维石墨烯材料在避免团聚的情况下可控组装成三维材料，成为石墨烯应用上的重要难点问题，国际上多个研究组对其进行了深入研究。不同的制备方法，将会得到结构和性能不同的三维石墨烯，进而带来不同的应用。

7.1　三维石墨烯的制备方法

7.1.1　自组装

自组装具有简单易操作等特点，在制备三维石墨烯方面具有不可比拟的优势。自组装的前驱体一般来说是氧化石墨烯分散液。稳定的氧化石墨烯分散液中，氧化石墨烯片间存在范德华引力与静电排斥力之间的平衡。[2]为了得到三维的石墨烯，必须要打破这个平衡，让片层间的引力起主导作用。因此，为了打破这个平衡可以从三方面入手，一方面可以通过加入交联剂，如聚乙烯醇[3]、DNA[4]、金属离子[5]、聚合物[6]等，来加强氧化石墨烯分散液的凝胶化。之后对得到的氧化石墨烯凝胶进行冷冻干燥，最后再进行还原，便可得到三维石墨烯；另一方面，可以对氧化石墨烯片进行原位水热还原或化学还原，除去片上的含氧官能团，以此来削弱片间的静电排斥力，从而加强片间的团聚，得到三维石墨烯。如 Xu 等人将 2mg/mL 的氧化石墨烯分散液在 180℃ 下，进行水热还原，得到了三维石墨烯。[7]该三维石墨烯具有非常好的抗压性能。同时，由室温下的电压-电流曲线，可以看出，该三维石墨烯拥有很好的欧姆特性；最后，还可以借助外力来得到三维石墨烯，如可以将氧化石墨烯分散液直接进行冷冻干燥，之后再还原。[8]将氧化石墨烯分散液先离心浓缩，得到氧化石墨烯凝胶，之后再进行干燥、还原处理，从而得到三维石墨烯。[2]

7.1.2　模板法

相比于自组装的方法，该方法制备的三维石墨烯具有更加可控的形貌和性能。在模板选择方面，镍泡沫、阳极氧化铝、氧化镁、金属纳米结构，甚至是金属盐都可以用来作为模板。Chen 等人以商用的镍泡沫作为模板和催化剂，通过化学气相沉积法（CVD），在镍泡沫骨架上长出了石墨烯，然后用氯化铁溶液将泡沫镍骨架刻蚀掉，从而得到了多孔的石墨烯泡沫。[9]CVD 法制备的三维石墨烯具有非常好的电学性能，成为超级电容器、锂离子电池的理想电极材料。另外，通过浸涂、电泳沉积、模板辅助冷冻干燥等方法，将氧化石墨烯在硅纳米颗粒、全氟磺酸膜支架、聚苯乙烯球、商用海绵、纤维素和纺织纤维上进行自组装，之后再通过还原，从而得到三维的石墨烯。以聚苯乙烯球为例，Choi 等人将石墨烯和聚苯乙烯球混合均匀，然后抽滤成膜，接着在甲苯蒸汽中除去聚苯乙烯球，从而得到多孔的三维石墨烯；[10]类似地，Wang 等人将氧化石墨烯和聚苯乙烯球均匀分散在水中，然后真空抽滤成膜，接着将该膜在高温下退火还原，这样不仅可以还原氧化石墨烯，而且可以除去聚苯乙烯球，从而得到孔状的三维石墨烯，该三维石墨烯可以用作电容去离子化的电极材料。[11]

7.1.3　直接生长法

Mao 等人在金、不锈钢等各类导电衬底上通过电流等离子体增强 CVD 法，以 CH_4 为碳源，制备出了三维石墨烯，其中的石墨烯片与衬底牢固结合，片和片之间相互交联，从而得到了三维孔状的石墨烯。[12]Wang 等人没用任何衬底直接长出了三维框架式石墨烯，具体方法为：将 10g 葡萄糖与 10g 氯化铵混合，然后放入管式炉中，接着在氩气环境下，以 4°C/min 的速率升温至 1350°C 并维持 3h，最后即可得到黑色的泡沫状产物。[13] Wang 等人系统研究了纤维素的氧–氨联合热解反应过程，提出了一种直接制备高品质超薄三维石墨烯状碳纸的方法，即酰胺化诱导的纤维素空间分离焦化法[14]，该三维石墨烯结构具有高比表面积、优良耐折度、优秀机械强度和导电性，在多领域表现出了巨大应用潜力。

7.2 水净化与空气净化

7.2.1 油及有机溶剂的去除

油及有机溶剂的泄漏对海洋及淡水环境造成了巨大危害。高效的漏油清除需要轻质、高选择性（疏水亲油）、高比表面积、高孔隙率、高循环使用率、耐腐蚀的吸附材料。传统的吸附材料如沸石、粉煤灰、羊毛、木棉纤维、活性炭、膨胀石墨等，虽然其存在来源丰富、成本低、多孔等优点，但自身存在吸附率低、选择性差、循环使用率低等致命缺点，从而限制了它们的广泛使用，很难满足环境修复的需求。[15] 石墨烯及氧化石墨烯三维结构由于其较高的比表面积、孔隙率、多级孔结构和高度可调表面化学，在原油、柴油、汽油、真空泵油、各类烷烃、甲苯、硝基苯、氯仿等上表现出了巨大的吸附去除潜力。作为一种多功能的纳米材料，可以通过调控氧化石墨烯的多种特性来改善对这类污染物的吸附性能。氧化石墨烯的部分还原可以赋予其疏水、亲油性。三维的氧化石墨烯结构通过化学还原的方法如水热还原、还原剂还原等，可以转变为疏水亲油的石墨烯三维结构，适用于油及有机溶剂的高效选择性吸附。另外，化学气相沉积法制备的石墨烯由于不含有亲水基团，本身就拥有非常好的疏水亲油特性，非常适合吸附水中的油及有机溶剂。在许多研究中，石墨烯三维结构的水接触角越大，疏水性越强，吸附油的性能越好。2012 年，东南大学孙立涛教授团队在国际上首次报道了石墨烯海绵用于油类及有机溶剂的吸附（图 7.1），结果表明：石墨烯海绵具有非常高的吸附率和非常优异的循环使用率；[16] 之后他们又从制备方法上进行改进，制备出了超低密度（0.9mg/cm³）的石墨烯海绵，[8] 因此，相比于之前石墨烯海绵，吸附率提高了 8 倍。随之，国际国内多个研究小组做了许多跟进研究。各研究组在改进方面主要是从以下几个方面入手。第一，提高吸附率，主要是从降低气凝胶的密度上着手，典型的有 Sun 等人利用直接冷冻干燥法制备出了超低密度（0.16 mg/cm³）的石墨烯-碳纳米管复合气凝胶，该气凝胶具有非常好的可压缩性，对油及有机溶剂具有非常高的吸附能力，1g 气凝胶可以吸附 913g 的四氯化碳。[17]第二，提高海绵的力学性能，主要是将它和聚合物相结合，发挥各自的优势。Liu 等人通过浸渍干燥的方法将石墨烯涂覆于商用海绵上，得到的复合海绵不仅具有非常好的可压缩性，而且还耐剪切力，更加贴近于实际应用，而这就要归功于商用海绵本身的力学性能。[18]正是基于优异的可压缩性，因此，可以采用挤压的方法实现多次循环使用。除了在已有的商用海绵上修饰石墨烯得到吸油海绵外，Ha 等人采用原位合成法，即将氧化石墨烯分散液与聚丙烯酸溶液混合，然后冷冻干燥，最后在高温处理下即可得到石墨烯-聚丙烯酸复合海绵。[19]基于聚丙烯酸的强交联作用，该海绵具有非常好的可压缩性，同时拥有很高的吸附率，1g 海绵可以吸附 150g 的泵油。第三，功能化石墨烯海绵的研究上，Zhu 等人制备出了润湿性对 pH 值敏感的石墨烯海绵，[20]当水的 pH 值为 7 时，海绵表现出亲油性，这时可以用它来吸附油类污染物；而当 pH 值为 3 时，海绵为疏油性，此时可以将已吸附的油脱附出来，因此，通过改变环境的 pH 值便可实现吸附-脱附的循环过程。Xu 等人将石墨烯和 Fe_3O_4 纳米颗粒复合，得到了磁性可压缩气凝胶，[21]利用外部磁场可以实现对该气凝胶的非接触挤压，待该气凝胶吸附完油后，可以施加外磁场挤压该气凝胶，从而实现油的脱附。第四，吸附高黏度原油上，中国科学院院士俞书宏院士团队，成功制备出导电石墨烯基海绵，并利用焦耳热加热高黏度油以此来降低该类油的黏度，大大提高了吸附速率提高了吸附效率。[22]表 7.1 是石墨烯基吸附材料的具体比较。

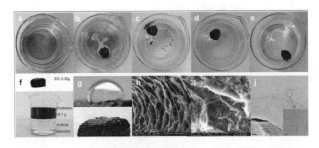

图 7.1　（a-e）三维石墨烯吸附染色十二烷的系列图片；
（f）做实验所用三维石墨烯尺寸与十二烷的量；（g）三维石墨烯疏水亲油；
（h, i）三维石墨烯低倍和高倍 SEM 图；（j）三维石墨烯 TEM[16]

表 7.1　石墨烯基吸附材料比较

吸附剂	吸附质	吸附率（g/g）	参考资料
石墨烯-聚偏二氟乙烯	油及有机溶剂	22~73	[23]
二氧化硅-氧化石墨烯修饰聚氨酯海绵	油及有机溶剂	80~180	[24]
石墨烯修饰聚氨酯海绵	泵油、豆油、柴油	55~60	[25]
带有含氟官能团的石墨烯气凝胶	油及有机溶剂	34~112	[26]
还原氧化石墨烯修饰聚氨酯海绵	泵油、汽油、氯仿、丙酮	30~46	[27]
多孔颗粒包裹石墨烯海绵	硅油，氯仿	未描述	[28]
聚二甲基硅氧烷-石墨烯海绵	油及有机溶剂	2.2~8	[29]
Cu 纳米颗粒-石墨烯复合海绵	润滑油、橄榄油、柴油、泵油、豆油	28~40	[30]
石墨烯气凝胶	油及有机溶剂	120~250	[31]
磁性聚合物-石墨烯海绵	烷烃类及油类	9~27	[32]
氮掺杂石墨烯气凝胶	油及有机溶剂	40~156	[33]
微通道-网络结构石墨烯泡沫	油及有机溶剂	137~760	[34]
石墨烯修饰棉花	油及有机溶剂	11~25	[35]
石墨烯气凝胶	油及有机溶剂	100~260	[36]

　　国际上各研究组对吸附完的油及有机溶剂海绵的再利用同样展开了广泛研究。目前常用的有如下三种方式：[37]第一种是燃烧，通过燃烧的方式将吸附的油或有机溶剂清理掉，燃烧本身并不会改变海绵的微观多孔结构，但该方式会导致环境的二次污染及一些珍贵油的浪费；第二种是挤压，通过挤压的方式将吸附的油从海绵中挤出，但这种方式的效率还存在争议；第三种是蒸馏[16]，通过一种可控的方式加热吸附油或有机溶剂的海绵，进而将海绵中的油或有机溶剂蒸发掉，接着经过冷凝，进而回收油或有机溶剂。蒸馏方式有三个方面好处：一是可以循环利用海绵，二是可以防止重要资源的浪费，三是阻止了二次污染。

　　三维石墨烯结构对碳氢化合物的吸附主要是靠吸附剂的物理吸附能力。东南大学倪振华团队对吸油的吸附-脱附过程进行了共聚焦拉曼成像研究，结果表明：在吸附过程中，十二烷是先浸润孔壁，继而在毛细力作用下填满孔空间；在高温蒸发脱附过程中，孔空间中的十二烷先蒸发掉，继而孔壁上的十二烷再蒸发掉。[38]基于此，建立了海绵状石墨烯三维结构的吸附脱附模型（如图7.2所示）。由该模型可得出：海绵状石墨烯三维结构超高效吸附特性主要由两个因素决定：高比表面积（决定吸附速率）和高孔隙率（决定吸附率）。

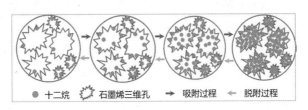

图7.2　三维石墨烯吸附—脱附油类污染物过程模型[38]

油及有机溶剂的清除是三维石墨烯最有前景的环境应用之一，东南大学孙立涛团队已成功将该方面的科研进行了成果转化，目前已被广泛用于各种浮油及乳化油的分离。但是目前对于海洋漏油的大规模修复仍然存在需要解决的挑战。一方面，石墨烯海绵的抗磨损、抗撕扯性需要进一步提高；另一方面，必须搞清楚恶劣的海洋化学环境对石墨烯基海绵润湿性与机械性能的影响。

7.2.2　水中染料的去除

含有有机染料的印染废水的排放对生态环境造成了严重的危害。印染废水的排放不仅会造成水体透光度的降低，造成水体缺氧，而且大多有机染料生物毒性较大且难降解，具有致癌、致畸、致突变作用。[39]三维石墨烯基多孔结构包括氧化石墨烯海绵，具有大的比表面积，能够高效地从水中吸附去除各类染料。氧化石墨烯对于染料的吸附依靠的是内因与外因的协同作用。内因是氧化石墨烯自身荷电状态与结构，外因是染料的荷电状态与结构。对于带正电荷的阳离子染料，基于异性电荷相互吸引原则，要求氧化石墨烯海绵带有负电荷，而本征氧化石墨烯拥有丰富的吸附位点如羧基、羟基等含氧官能团，且这些官能团水解后的确赋予了氧化石墨烯片带有一定的负电荷（如羧酸根离子），因此，对于这类染料，氧化石墨烯海绵具有天生的吸附能力；对于带负电的阴离子染料，如曙红Y（Eosin Y），为了提高对它们的吸附能力，需要通过修饰带有正电荷的官能团如胺基或复合带有正电荷的聚合物如壳聚糖[40]的方式来赋予整个氧化石墨烯基海绵带有正电荷；对于中性染料如吖啶橙（acridine orange），则要依赖于各自的结构，氧化石墨烯除了官能团和缺陷外，还具有苯环结构，而这类染料也具有类似的苯环结构，苯环和苯环结构之间具有较强的π-π相互作用，因此，利用这类相互作用也可以很好地吸附染料。[41]另外，对于某些染料来说，静电相互作用和π-π相互作用是共同存在的，这时二者就会起到相互增强的作用，极大提高三维石墨烯结构的吸附能力。除了上述的两种主要吸附作用外，某些染料如曙红Y、钙黄绿素（Calcein）、罗丹名B（rhodamine B）等，由于本身带有羧基和羟基官能团，因此，和氧化石墨烯片间可以形成氢键，促进吸附作用。[42]

氧化石墨烯海绵具有优异的吸附性能得益于：一是单层氧化石墨烯片上拥有丰富的吸附活性位点如官能团和缺陷；二是海绵本身巨大的比表面积所赋予的丰富吸附路径。二者的协同作用对于氧化石墨烯三维结构的染料吸附能力起到了关键作用。不过目前很少有人系统研究三维石墨烯微观结构如孔径、孔隙率等对染料吸附的影响，随着制备方法的不断改进，未来这部分内容值得更加深入的研究。另外，当氧化石墨烯三维结构和天然水接触时，氧化石墨烯片上的活性位点可能会被溶解的有机物如腐殖酸、黄腐酸所覆盖，或者被水中的碱等所还原，从而影响其吸附性能。[43]但是到目前为止，几乎所有的关于染料吸附的研究都忽视了该类影响。为了能够更好地理解三维石墨烯结构在实际污水及淡水处理上的应用潜力，充分研究溶解性有机物质、pH和复杂多污染物对其影响显得尤为重要。另外，绝大部分氧化石墨烯三维结构吸附染料的研究，都是基于分批平衡实验；然而，利用氧化石墨烯三维结构填充的圆柱体可以实现连续的染料去除。例如，将针筒里填充氧化石墨烯-壳聚糖复合三维结构，可以有效去除水中的亚甲基蓝和曙红Y。[40]考虑到工业连续染料去除的需求，需要更加系统地研究这种连续运行的设备装置。染料的脱附及氧化石墨烯三维结构的再利用不仅涉及相关染料的回收，而且可以进一步降低使用成本，因此显得非常重要，但目前这部分内容的研究还远远不够。另外，当利用染料作为模型来评估其他污染物时，需要特别注意的是：现有的大部分染料分子都是小分子，它们化学特性简单，在一定程度上并不能反映新兴有机污染物如药物、毒素、天然激素等的复杂性。

为了更好地评估三维氧化石墨烯的染料吸附性能（图7.3所示），Tufenkji等比较了不同比表面积下氧化石墨烯三维结构、碳纳米管海绵、生物碳及圆柱形活性炭对亚甲基蓝的吸附能力，[43]很明显，在较低比表面积下，三维氧化石墨烯的吸附能力可以和其他三维宏观体相媲美，而优于活性炭，这超强的吸附能力源自氧化石墨烯片丰富的含氧官能团吸附位点所提供的静电相互作用及苯环结构所提供的π-π相互作用。

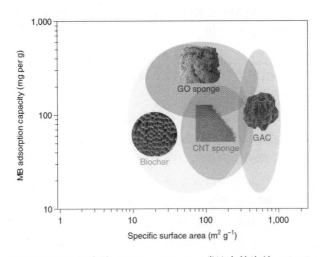

图 7.3　三维氧化石墨烯海绵（GO sponge）、碳纳米管海绵（CNT sponge）、生物碳（Biochar）及活性炭（GAC）对亚甲基蓝染料吸附能力的比较[43]

7.2.3　重金属的清除

　　水生环境中的重金属由于对人类及生态系统的高毒性而受到了广泛关注。正如在染料小节中所讲，氧化石墨烯片上具有丰富的可以水解而带负电的官能团如羧基水解后变为羧酸根离子，而这使得三维氧化石墨烯成了去除重金属离子如 Pb^{2+}、Cd^{2+}、Co^{2+} 等的理想材料。[44-46] 三维石墨烯对于重金属的吸附能力主要归因于丰富的吸附活性位点、超高的比表面积和交联的多孔结构，因为前者是对重金属离子的铆钉，后两者会为金属离子的吸附提供丰富的路径和吸附位点，在提高吸附能力的同时，还加快了吸附速率。另外，海绵表面的含氧官能团能够增强阴离子金属氧化物如 $Cr_2O_7^{2-}$ 的吸附，二者之间可以通过形成氢键或络合物来加强吸附。目前三维石墨烯对重金属的吸附选择性还比较差，也就是特异性比较差，未来可以在分子水平对其进行材料设计，也许可以制备出更具选择性吸附能力的氧化石墨烯片，从而帮助复杂水环境中重金属的高效去除，而那时三维石墨烯不仅可以用来针对性地去除特定重金属，还可以用来作为特异性敏感材料来监测特定重金属的含量，实现各种重金属的在线监测与处理相统一。另外，溶液的 pH 值对氧化石墨烯的吸附行为具有非常大的影响，研究表明，对于 Cd^{2+}、Co^{2+}，当 pH<9 时，氧化石墨烯对其吸附能力随着 pH 的增加而提高，当 pH>9 时，维持在较高的吸附水平，其中的机理是当 pH 较高时，氧化石墨烯片上官能团水解程度高，氧化石墨烯片带更多负电荷，从而增强静电相互作用。[46]

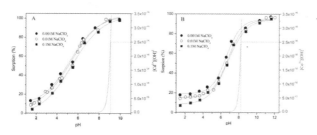

图 7. 4　（a）不同 pH 值条件下，三维石墨烯对 Cd^{2+} 的吸附；[46]（b）不同 pH 值条件下，
三维石墨烯对 Co^{2+} 的吸附[46]

　　三维石墨烯海绵除了上述吸附重金属离子的方式外，还可以开发基于电容式去离子的方式，也就是电吸附。电容式去离子技术已在废水处理领域得到广泛研究，[47]三维石墨烯自身具有的高比表面积、多级孔结构、良好的导电性、优异的化学和电化学稳定性及易成型等特点，让其成为电容式去离子技术的优良电极材料。比如，Liu 等人以部分还原的氧化石墨烯海绵作为阳极，通过电吸附的方式从废水中有效分离出了带正电荷的重金属离子如 Pb^{2+}。[45]另外，通过利用氧化铁[48]、氧化钛[49]及氧化锰[50]对石墨烯海绵三维骨架进行修饰，可以利用它们与骨架材料的协同作用，增强该复合材料去除水中重金属的能力。

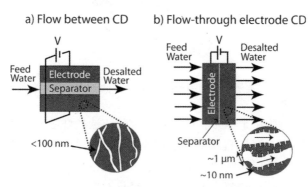

图 7. 5　电容去离子池的两种模型[51]

　　除了高效的重金属去除率，三维石墨烯还可以用于贵金属的回收。金属离子吸附饱和的三维石墨烯能够很容易地从水中分离出来，同时利用酸洗可以脱附所吸附的金属相。[41]另外，基于石墨烯或氧化石墨烯的光催化纳米复合材料能够同时吸附并还原重金属离子，缩短了回收过程。不管是对于吸附过程还是

对于还原过程，三维石墨烯对于采矿渗出液中出现的各种金属的选择性吸附分离是一个亟须解决的关键问题。

7.2.4　水中盐的去除

石墨烯原子级别的平整度与厚度赋予了水能够超快的传输过石墨烯片的缺陷或片间纳米通道。发展了两种基于石墨烯基薄膜的脱盐策略：纳米孔单片石墨烯片结构和堆叠三维石墨烯结构。纳米孔单片石墨烯结构：利用等离子体刻蚀[52]或离子轰炸[53]在单一石墨烯片上刻蚀出纳米孔，如图7.6所示，利用这些孔来截留水中的盐离子。计算模型表明：这类单片石墨烯多孔膜对于脱盐可以提供优异的渗透率及选择性。[54]然而，在实际应用中，像这类多孔膜会遇到巨大的挑战：选择性的精准调控、工程放大、很难超越现有商业化脱盐膜的截盐率。相反，自组装或真空抽滤法可以提供一种相对于现有商业膜更加便宜且可行的堆叠三维石墨烯过滤膜。

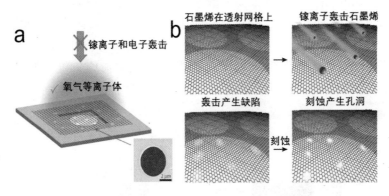

图7.6　(a) 等离子体刻蚀制备纳米孔；[52]　(b) 离子轰炸制备纳米孔[53]

当堆叠石墨烯膜用于压力驱动的脱盐膜时，选择性主要取决于石墨烯膜中石墨烯片间层间距。调控石墨烯膜层间距可以允许尺寸比层间距小的物质通过，而截留尺寸大于层间距的离子或分子。因此，对于层间距的可控调控显得尤为重要。当氧化石墨烯膜置于水中后，氧化石墨烯片会发生部分水合，导致层间距增加到0.9nm以上，而此时的膜可以有效过滤二价离子，却不能截留一价离子。[55]为了抑制氧化石墨烯膜遇水膨胀，曼彻斯特大学的研究人员通过物理局限的方法成功实现了精确可调的离子筛分（图7.7所示），对NaCl的截留率达到了97%。[56]南京工业大学的金万勤联合其他单位成功利用阳离子K^+、Na^+、Ca^{2+}、Li^+等，实现了对氧化石墨烯膜层间距的精确调控（图7.7

所示），该膜表现出了优异的离子筛分和海水淡化能力。[57]

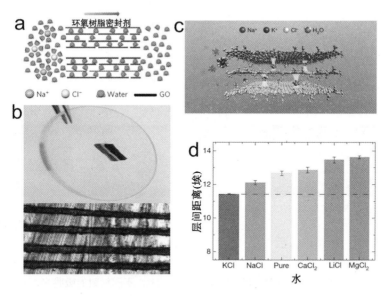

图7.7　（a，b）分别是环氧封装氧化石墨烯膜示意图和实物图；[55]
（c）阳离子精确调控氧化石墨烯膜层间距示意图；[56]
（d）阳离子精确调控氧化石墨烯膜层间距定量图[56]

　　尽管在压力驱动脱盐膜的制备方面作出了巨大努力，但目前三维石墨烯膜在渗透选择性方面还未能超过最新超薄脱盐膜。目前石墨烯纳米片修饰的膜展现了高的水渗透率和一般的盐选择性，制备的膜处于超滤或纳米范围，而没到反渗透膜的范畴。近期研究证实，对于压力驱动膜来说，决定脱盐过程能源效率和水质好坏的，最重要的是膜选择性，而不是水渗透率。因此，主要的挑战是如何在实验室制备薄的、无缺陷的纳米片基薄膜，以及如何开展随后的工业生产。其他的技术障碍还包括不可避免的污染及脱盐性能的恶化，所有这些因素在薄膜长期运行使用中都需要进行系统评估。

　　2020年，基于石墨烯的光热转化器在海水淡化及污水处理上得到了广泛研究，如图7.8所示。[58,59]相对于上述的膜过滤技术，该技术更加节能，更加简单。利用光热材料高效的光吸收性及优异的光热转换性能，可以利用阳光将石墨烯海绵加热到很高温度，从而可以实现将石墨烯海绵中的海水或污水进行蒸馏净化。通过对光热转化器材料及结构的优化设计，可以实现90%的太阳热转换效率和96.2%的太阳气转化效率，如图7.8所示。[59]该技术虽然节能环保，但对于真正的实际应用还存在如下问题：处理量太小、长期稳定性需进一步评估、受天气影响较大等。

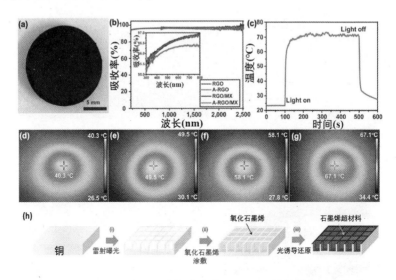

图 7.8 （a）RGO-MX 水凝胶照片；（b）不同材料的吸收光谱；
（c）温度随光照的时间痕迹；（d-g）分别为在 1、3、5、7 光照强度下的
气凝胶表面温度；（h）通过构建不同结构来获得高光热转换器；（a-g）[58]，（h）[59]

7.2.5 气体污染物的去除

三维石墨烯对于气体污染物的净化性能主要依赖于其比表面积、孔隙率、孔径、表面化学及活性纳米材料和分子的修饰（图 7.9）。[43] 相比于水中污染物，空气中大多数污染物尺寸较小且移动快速，为了提高吸附能力，这就要求三维石墨烯的孔径尽可能多地分布在几个纳米和亚纳米范围内。因此，研究人员发展了两类方法来增加三维石墨烯的比表面积和孔隙率，包括高温气体活化和化学刻蚀活化。在高温气体活化中，水蒸气[60]和二氧化碳[61]常被用来膨胀堆叠致密的石墨烯纳米片，从而形成多孔的三维石墨烯结构，高温活化过程会引入大约 3nm，甚至更小的孔径的孔。[61] 对于化学活化，常用硝酸（HNO_3）来选择性地刻蚀掉氧化石墨烯无定型的部分，从而产生多孔纳米片。[62] 活化刻蚀形成的孔增加了三维石墨烯有效比表面积并且这些孔可以作为气体吸附的有效活性位点。

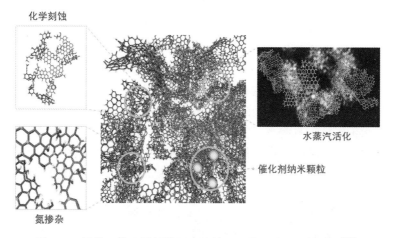

图 7.9   调控三维石墨烯的图中特性可以增强对 CO_2 的吸附[43]

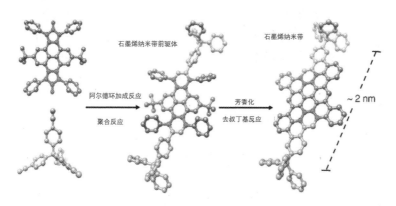

图 7.10   自下而上合成石墨烯纳米带结构的策略示意图[66]

　　三维石墨烯本身具有多孔结构，再加上高温气体或化学刻蚀活化，已成功用于 CO_2、CH_4[63]、SO_2[60]、甲醛[64]等污染气体的吸附。为了进一步提高对污染气体的吸附能力，Rahighi 等人采用氨基（$H_2N—$）来修饰氧化石墨烯片，大大提高了三维石墨烯对 H_2S 的吸附率。[65]除了上述自上而下制备高比表面积三维石墨烯外，自下而上的策略可以从组成单元上对三维石墨烯进行优化，从而使其对气体吸附的能力达到最大。比如 Coskun 等人提出了一种新的聚合策略，成功制备出了三维石墨烯纳米带多孔结构（图 7.10），该结构拥有 $679m^2/g$ 的高比表面积，对 CH_4、CO_2具有超高的吸附性能。[66]

　　国际上有许多研究团队利用理论计算探究了 H_2O、NH_3、CO、NO_2、NO 等气体吸附对石墨烯[67]或 Co 掺杂石墨烯[68]的电子结构及磁性特性的影响，这些气体的吸附位置及取向对石墨烯具有重要的影响。另外，Zareyee 等人[69]通过理论计算，研究了 SO_2 和 O_3 对 Pt 掺杂石墨烯的影响，发现 Pt 掺杂石墨烯对 O_3 的吸附能为 $-152.7kJ/mol$，而对 SO_2 的吸附能为 $-82kJ/mol$，因此，Pt 掺杂石墨烯对于 O_3 会是一种非常好的吸附材料。这些理论研究为实验研究指明了一个方向：掺杂金属原子的石墨烯不仅可以提高对污染气体的吸附能力，更重要的是可以实现选择性的吸附特定的污染气体。对于三维石墨烯，选择性吸附在清除污染气体上具有重要的作用，在污染气体探测上将具有更加重要的作用。气载纳米材料的生物安全性目前研究的还不是很多，因此，对于空气处理应用，二维纳米片必须牢牢地固定在三维石墨烯结构中。尽管高温气体活化和化学刻蚀可以提高三维石墨烯的比表面积和活性位点，但其在一定程度上不可避免地会破坏三维石墨烯的完整性，带来二维纳米材料的脱落，严重影响了三维石墨烯的微观结构，对它们的宏观机械性能造成了一定破坏。大多数所报道的修饰技术并没有对三维石墨烯修饰前后的微观结构及机械性能进行分析，因此，经过这些策略处理后的宏观结构的完整性存在质疑。在对气体吸附性能研究中，更多的工作研究主要集中在理论上，实验上缺乏广泛系统深入的研究。在吸附完气体后，通过低压或用氩等惰性气体吹扫三维石墨烯的方式来脱附所吸附的气体，进而再生三维石墨烯。[70]这两种再生方式昂贵且耗时，因此，急需开发一种低成本且简单再生三维石墨烯的方式。

参考文献

1. Landrigan P. J., *et al*. Pollution and children's health. *Science of the Total Environment*, 2019, 650, 2389.

2. Ma Y. F., Chen Y. S.. Three-dimensional graphene networks：synthesis, properties and applications. *National Science Review*, 2015, 2 (1), 40.

3. Yao W. W., *et al*. Strong and conductive double-network graphene/PVA gel. *RSC Advances*, 2014, 4, 39588.

4. Permkumar T., Geckeler K. E.. Graphene-DNA hybrid materials：assembly, applications, and prospects［J］. *Progress in Polymer Science*, 2012, 37 (4), 515.

5. Tang Z. H., *et al*. Noble-metal-promoted three-dimensional macroassembly of single-layered graphene oxide. *Angew Chem Int Ed*, 2010, 122 (27), 4707.

6. Kuilla T., *et al.* Recent advances in graphene based polymer composites. *Progress in Polymer Science* 2010, 35（11）, 1350.

7. Xu Y. X., *et al.* Self－assembled graphene hydrogel via a one step hydrothermal process. *ACS Nano*, 2010, 4（7）, 4324.

8. Bi H. C., *et al.* Highly enhanced performance of spongy graphene as an oil sorbent. J Mater Chem A, 2014, 2, 1652.

9. Chen Z. P., *et al.* Three-dimensional flexible and conductive interconnected graphene networks grown by chemical vapour deposition. *Nature Materials*, 2011, 10, 424.

10. Choi B. G., *et al.* 3D macroporous graphene frameworks for supercapacitors with high energy and power densities. *ACS Nano*, 2012, 6（5）, 4020.

11. Wang H., *et al.* Three-dimensional macroporous graphene architectures as high performance electrodes for capacitive deionization. *J Mater Chem A*, 2013, 1, 11778.

12. Mao S., *et al.* Direct growth of vertically-oriented graphene for field-effect transistor biosensor. *Scientific Reports*, 2012, 3, 1696.

13. Wang X. B., *et al.* Three-dimensional strutted graphene grown by substrate － free sugar blowing for high － power － density supercapacitors. *Nature Communications*, 2013, 4：2905.

14. Gao T., *et al.* Biomass-Derived Carbon Paper to Sandwich Magnetite Anode for Long-Life Li Ion Battery. *ACS Nano* 2019, 13, 11901.

15. 毕恒昌，面向油水分离应用的石墨烯及相关碳三维结构的制备与吸附特性研究［D］. 东南大学，2016。

16. Bi H. C., *et al.* Spongy graphene as a highly efficient and recyclable sorbent for oils and organic solvents. *Advanced Functional Materials*, 2012, 22, 4421.

17. Sun H. Y., Xu Z., Gao C. . Multifunctional, ultra － flyweight, synergistically assembled carbon aerogels. *Advanced Materials*, 2013, 25（18）, 2554.

18. Liu Y., *et al.* Cost-effective reduced graphene oxide-coated polyurethane sponge as a highly efficient and reusable oil-absorbent. *ACS Appl Mater Interfaces*, 2013, 5（20）, 10018.

19. Ha H., Shanmuganathan K., Ellison C. . Mechanically stable thermally crosslinked poly（acrylic acid）/reduced graphene oxide aerogels. *ACS Appl Mater Interfaces*, 2015, 7（11）, 6220.

20. Zhu H. G., *et al.* Graphene foam with switchable oil wettability for oil and organic solvents recovery. *Adv Funct Mater*, 2015, 25 (4), 597.

21. Xu X., *et al.* Self-sensing, untralight, and conductive 3D graphene/iron oxide aerogel elastomer deformable in a magnetic field. *ACS Nano*, 2015, 9 (4), 3969.

22. Ge J.. *et al.* Joule-heated graphene-wrapped sponge enables fast clean-up of viscous crude-oil spill. Nat. Nanotech. 2017, 12, 434.

23. Li R., *et al.* A facile approach to superhydrophobic and superoleophilic graphene/polymer aerogels. *J Mater Chem A*, 2014, 2: 3057.

24. Lü X. M., *et al.* Constructing polyurethane sponge modified with silica/graphene oxide nanohybrids as a ternary sorbent. *Chemical Engineering Journal*, 2016, 284, 478.

25. Li B. B., *et al.* Facile preparation of graphenen-coated polyurethane sponge with superhydrophobic /superoleophilic properties. *J Polym Res*, 2015, 22, 190.

26. Hong J. Y., *et al.* Highly-efficient and recyclable oil absorbing performance of functionalized graphene aerogel. *Chemical Engineering Journal*, 2015, 269, 229.

27. Tjandra R., *et al.* Introduction of an enhanced binding of reduced graphene oxide to polyurethane sponge for oil absorption. *Ind Eng Chem Res*, 2015, 54 (14), 3657.

28. Wang J., *et al.* Microfluidic generation of porous particles encapsulating spongy graphene for oil absorption. *Small*, 2015, 11 (32), 3890.

29. Tran D. N. H., *et al.* Selective adsorption of oil – water mixtures using polydimethylsioxane – graphene sponges. *Environ Sci: Water Res Technol*, 2015, 1, 298.

30. Wu T., *et al.* Three-dimensional graphene-based aerogels prepared by a self-assembly process and its excellent catalytic and absorbing performance. *J Mater Chem A*, 2013, 1, 7612.

31. Li J. H., *et al.* Ultra – light, compressible and fire – resistant graphene aerogel as a highly efficient and recyclable absorbent for organic liquids. *J Mater Chem A*, 2014, 2, 2934.

32. Liu C., *et al.* Versatile fabrication of the magnetic polymer-based graphene foam and applications for oil-water separation. *Colloids and Surfaces A: Physicochem Eng Aspects*, 2015, 468, 10.

33. Song X. H., *et al.* Mussel-inspired, ultralight, multifunctional 3D nitrogen

-doped graphene aerogel. *Carbon*, 2014, 80, 174.

34. Yan J. Y., *et al*. Preparation of multifunctional microchannel – network graphene foams. *J Mater Chem A*, 2014, 2, 16786.

35. Sun H. X., *et al*. Reduced graphene oxide – coated cottons for selective absorption of organic solvents and oils from water. *RSC Adv*, 2014, 4, 30587.

36. Xu L. M., *et al*. Superhydrophobic and superoleophilic graphene aerogel prepared by facile chemical reduction. *J Mater Chem A*, 2015, 3, 7498.

37. Bi H. C., *et al*. Carbon fiber aerogel made from raw cotton: a novel, efficient and recyclable sorbent for oils and organic solvents. *Advanced Materials*, 2013, 25, 5916.

38. Guo X. T., *et al*. Investigation of Dodecane in three – dimensional porous grapheme sponge by raman mapping. *Nanotechnology*, 2016, 27, 055702.

39. Cao H. Y., *et al*. Functional tissues based on graphene oxide: facile preparation and dye adsorption properties. *Acta Physica Sinica*, 2016, 65 (14).

40. Chen Y., *et al*. Graphene oxide – chitosan composite hydrogels as broad – spectrum adsorbents for water purification. *J. Mater. Chem. A* 2013, 1, 1992.

41. Gao H., *et al*. Mussel – inspired synthesis of polydopamine – functionalized graphene hydrogel as reusable adsorbents for water purification. *ACS Appl. Mater. Interfaces* 2013, 5, 425.

42. Mou Z., *et al*. Eosin Y functionalized graphene for photocatalytic hydrogen production from water. *Int. J. Hydrogen Energy*, 2011, 36, 8885.

43. Yousefi N., *et al*. Environmental performance of graphene – based 3D macrostructures. *Nat. Nanotechnol.*, 2019, 14, 107.

44. Lei Y., *et al*. Three – dimensional magnetic graphene oxide foam/Fe3O4 nanocomposite as an efficient absorbent for Cr (vi) removal. *J. Mater. Sci.*, 2014, 49, 4236.

45. Liu P., *et al*. Separation and recovery of heavy metal ions and salty ions from wastewater by 3D graphene – based asymmetric electrodes via capacitive deionization. *J. Mater. Chem. A*, 2017, 5, 14748.

46. Zhao G. X., *et al*. Few–Layered Graphene Oxide Nanosheets As Superior Sorbents for Heavy Metal Ion Pollution Management. *Environ. Sci. Technol.*, 2011, 45, 10454.

47. Oren Y.. Capacitive deionization (CDI) for desalination and water treatment -past, present and future (a review). *Desalination*, 2008, 228, 10.

48. Lei Y., *et al*. Three – dimensional magnetic graphene oxide foam/Fe$_3$O$_4$ nanocomposite as an efficient absorbent for Cr（ⅵ）removal. *J. Mater. Sci.*, 2014, 49, 423.

49. Li Y., *et al*. Removal of Cr（ⅵ）by 3D TiO$_2$ – graphene hydrogel via adsorption enriched with photocatalytic reduction. *Appl. Catal. B*, 2016, 199, 412.

50. Liu J., *et al*. 3D graphene/δ – MnO$_2$ aerogels for highly efficient and reversible removal of heavy metal ions. *J. Mater. Chem. A*, 2016, 4, 1970.

51. Suss M. E., *et al*. Capacitive desalination with flow – through electrodes, Energy Environ. *Sci.*, 2012, 5, 9511.

52. Surwade S. P., *et al*. Water desalination using nanoporous single – layer graphene. *Nat. Nanotech.*, 2015, 10, 459.

53. O'Hern S. C., *et al*. Selective ionic transport through tunable subnanometer pores in single–layer graphene membranes. *Nano Lett.*, 2014, 14, 1234.

54. Cohen – Tanugi D., Grossman J. C.. Mechanical strength of nanoporous graphene as a desalination membrane. *Nano Lett.*, 2014, 14, 6171.

55. Abraham J., *et al*. Tunable sieving of ions using graphene oxide membranes. *Nat. Nanotech.*, 12, 2017, 46.

56. Abraham J., *et al*. Tunable sieving of ions using graphene oxide membranes. *Nature Nanotechnol.*, 2017, 12, 546.

57. Chen L., *et al*. Ion sieving in graphene oxide membranes via cationic control of interlayer spacing. *Natur*, 2017, 550, 380.

58. Li W., *et al*. Vertically aligned reduced graphene oxide/Ti$_3$C$_2$T$_x$ MXene hybrid hydrogel for highly efficiently solar steam generation. *Nano Research*, 2020, 13, 3048.

59. Lin K. T., *et al*. Structured graphene metamaterial selective absorbers for high efficiency and omnidirectional solar thermal energy conversion. *Nature Communications*, 2020, 11, 1389.

60. Yun S., *et al*. Multiscale textured, ultralight graphene monoliths for enhanced CO$_2$ and SO$_2$ adsorption capacity. *Fuel*, 2016, 174, 36.

61. Chowdhury S., Balasubramanian R.. Three – dimensional graphene – based porous adsorbents for postcombustion CO$_2$ capture. *Ind. Eng. Chem. Res.*, 2016, 55, 7906.

62. Chowdhury S., Balasubramanian R.. Holey graphene frameworks for highly selective post–combustion carbon capture. *Sci. Rep.*, 2016, 6, 21537.

63. dos Santos T. C. , Ronconi C. M. Self-assembled 3D mesoporous graphene oxides (MEGOs) as adsorbents and recyclable solids for CO_2 and CH_4 capture. *J. CO_2 Util.* , 2017, 20, 292.

64. Liang, J. , *et al.* Scalable and facile preparation of graphene aerogel for air purification. *RSC Adv.* , 2014, 4, 4843.

65. Abbasabadi M. K. *et al.* A new strategy for hydrogen sulfide removal by amido-functionalized reduced graphene oxide as a novel metal-free and highly efficient nanoadsorbent. *Journal of Sulfur Chemistry*, 2015, 36, 660.

66. Byun Y. , Coskun A.. Bottom-up approach for the synthesis of a three-dimensional nanoporous graphene nanoribbon framework and its gas sorption properties. *Chem. Mater.* , 2015, 27, 2576.

67. Leenaerts O. , Partoens B. , Peeters F. M.. Adsorption of H_2O, NH_3, CO, NO_2, and NO on graphene: A first-principles study. *Physical Review B*, 2008, 77, 125416.

68. Tang Y. N. , *et al.* Adsorption behavior of Co anchored on graphene sheets toward NO, SO_2, NH_3, CO and HCN molecules. *Applied Surface Science*, 2015, 342, 191.

69. Rad A. S. , Zareyee D.. Adsorption properties of SO_2 and O_3 molecules on Pt-decorated graphene: A theoretical study. *Vacuum*, 2016, 130, 113.

70. Hao G. P. , *et al.* Porous carbon nanosheets with precisely tunable thickness and selective CO_2 adsorption properties. *Energy Environ. Sci.* , 2013, 6, 3740.

第八章　石墨烯材料在抗菌纳米药物
中的研究进展

　　每年，新出现和重新出现的传染病都会在全球范围内造成数百万人死亡，
而标准的抗菌疗法却在越来越多的细菌感染中逐渐失效。[1]微生物适应抗菌药
物并产生进化，导致药效下降的现象被称为耐药性。耐药性微生物病原菌的临
床威胁巨大，已造成世界范围内的严重健康问题。例如，在美国，每年至少有
200万人被耐药性细菌感染，超过23000人因这些感染而死亡。对多种抗生素
耐药的细菌被称为"超级细菌"，超级细菌会导致疾病率、死亡率和医疗费用
的大幅增加，严重影响人民的健康和生活水平。[2]因此，亟待开发新型抗菌药
物和治疗方法以对抗细菌感染。[3]

　　纳米医学承载了研究者们开发新型抑菌策略的希望。与传统抗生素相比，
纳米抗菌药物拥有独特的尺度特征和结构特性，能够通过提高治疗效率来克服
微生物耐药性。[4]此外，纳米抗菌药物还可以被设计成多功能药物，例如，在
抗菌的同时具备显影或特定靶向功能，使药物能够结合到特定疾病组织或细菌
膜，或通过磁共振成像在体外或体内进行定位成像。[5]石墨烯材料，包括石墨
烯（graphene，G）、氧化石墨烯（graphene oxide，GO）和还原氧化石墨烯
（reduced graphene oxide，RGO）等，是一类新型的绿色广谱抗菌材料，能够灭
活和抑制各种细菌。与其他抗菌材料相比，石墨烯材料的主要优势有：1）石
墨烯材料的杀菌机制多样，降低了细菌的耐药性；2）石墨烯材料对哺乳动物
细胞的毒性相对较低；3）石墨烯材料的合成方法简单、成本低廉，易于大规
模生产；4）石墨烯材料的结构和性能高度可调，利于进一步化学和物理修饰
以赋予多功能性。因此，石墨烯材料作为高效抗菌纳米材料在生物医学、家居
纺织等领域均表现出良好的应用潜力，吸引了越来越多的关注。本章将首先阐
述石墨烯材料的抗菌机制，继而列举影响其抗菌性能的因素，然后分析石墨烯
材料与其他纳米材料的杂化与协同增效，最后简单介绍石墨烯基抗菌材料的应
用形式和应用领域。

8.1 石墨烯材料的抗菌机制

2010 年，研究者们首次发现了石墨烯材料的抗菌性能。[6, 7]石墨烯材料与细菌的相互作用包括两个连续的阶段：首先，细菌与石墨烯材料直接接触；随后，两者间的相互作用导致细菌的死亡。当石墨烯材料与细菌直接接触时，两者的位置关系主要有三种（如图 8.1 所示）[8-10]：1）石墨烯材料与细菌细胞膜垂直，插入细胞中；2）石墨烯材料的大片层结构与细菌膜平行，平铺在细菌表面；3）石墨烯材料平躺在细胞膜磷脂双分子层的中间，形成磷脂–石墨烯–磷脂"三明治"结构。这三种位置关系分别代表了石墨烯材料的不同抗菌机制。在实际过程中，"纳米刀"、磷脂分子的提取、物理包裹、氧化应激等各种机制协同作用，阻遏细菌的生长（抑菌）并破坏细菌膜的结构（杀菌）。[3, 11]

图 8.1　石墨烯材料与细菌接触时的位置关系示意图
（A）石墨烯材料与细菌细胞膜垂直，
插入细胞中；（B）石墨烯材料的大片层结构与细菌膜平行，平铺在细菌表面；
（C）石墨烯材料平躺在细胞膜磷脂双分子层的中间，形成磷脂–石墨烯–磷脂"三明治"结构

8.1.1 "纳米刀"刺入机制

纳米刀刺入机制是石墨烯材料抗菌性能最关键的机理之一，指当石墨烯材料与细菌接触后，石墨烯片层与细菌细胞膜位置垂直时，其尖锐的物理边缘可以像刀子一样刺入细菌，破坏细胞壁和细胞膜，造成细胞内基质的渗漏和代谢紊乱，最终导致细菌死亡。[12]2010 年，Akhavan 和 Ghaderi 等人在研究石墨烯和氧化石墨烯对金黄色葡萄球菌和大肠杆菌的毒性时发现，当细菌直接接触到石墨烯片的边缘时，细菌的细胞膜会被破坏，造成 RNA 等胞内物质泄露；[7]进而，Liu 等人发现石墨烯片的边缘会对细菌产生明显的膜应力，破坏细胞膜，证实了纳米刀刺入机制。[13]

石墨烯材料的氧化程度和横向尺寸会影响其刺入过程。边缘氧化程度较高

的石墨烯材料更有利于刺入细菌，因为石墨烯的亲水边缘与细菌的磷脂双分子层亲水外表面的亲和力高，而与疏水脂尾间存在强排斥力，在插入膜后倾向于迅速穿过膜以减弱斥力。[8, 14]石墨烯材料的"刀"不但能穿透细胞膜，而且会诱导细胞膜产生孔隙，导致胞内外渗透不平衡而致使细胞死亡，[15]这一点与后文中"磷脂分子的提取"类似。

8.1.2　物理包裹，阻断跨膜运输

除了垂直接触导致的膜穿透外，石墨烯材料还可以以平行的方式与细胞膜直接接触。细菌和所有的生物一样，需要足够的营养和特定的环境条件才能生存。如果这些条件受到阻碍，就会导致细菌生长受阻或死亡。由于其大平面二维横向结构，当石墨烯材料以平行的方式与细胞膜直接接触时，石墨烯材料还可以通过物理包裹的方式将细菌同周围介质隔离，形成一层屏障，阻断所有营养物质的跨膜渗透，包括氧气和二氧化碳分子，导致跨膜运输阻滞，阻遏细菌生长并阻断其增殖，起到抑菌作用。[16]因此，横向尺寸越大的石墨烯材料对细菌膜的覆盖越全面，抗菌效果越强。[17]

8.1.3　破坏性提取细菌膜表面的磷脂分子

石墨烯材料独特的二维平面sp^2结构与细胞膜脂质分子间存在强疏水作用，当此疏水作用力大于细胞膜结构内脂质分子之间的引力时，磷脂分子会倾向于吸附在石墨烯表面（如图8.2所示），石墨烯材料即会从细胞膜中提取大量磷脂分子，损害膜的完整性，导致膜崩塌。这是一个浓度依赖的过程，并且提取作用力随着石墨烯横向尺寸的增加而增大。[18]

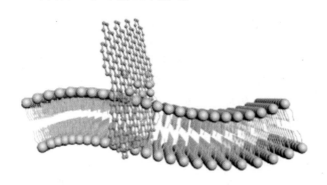

图8.2　石墨烯从细胞膜中提取磷脂分子

8.1.4 氧化应激诱导杀菌

石墨烯材料引发的氧化应激是另一种常见的、被广泛接受的抗菌机制。氧化应激可干扰细菌代谢，破坏细胞的基本功能，致使细胞活性降低甚至死亡。一般来说，氧化应激主要通过活性氧（reactive oxygen species，ROS）依赖或ROS 非依赖两种途径发生。前者是由细胞内过量积累的 ROS 引起的，ROS 导致细胞内蛋白质失活、脂质过氧化、线粒体功能紊乱、细胞膜逐渐解体，乃至细胞死亡；[19]后者主要为细胞结构或成分的直接氧化或破坏，不涉及 ROS。[20]

8.1.4.1 ROS 依赖性氧化应激

一旦 ROS 的形成和清除平衡丧失，细胞就不能再通过自身修复机制来修复氧化损伤。石墨烯材料会在结构缺陷和片层边缘处吸附 O_2 来介导 ROS 的产生（如图 8.3 所示），其形式包括过氧化氢（H_2O_2）、超氧负离子（$O_2^- \bullet$）、羟基自由基（$OH \bullet$）和单分子氧（$^1O_2$）等，以此产生细胞毒性。Kim 等研究者利用电子顺磁共振光谱成功捕获到石墨烯材料产生的 ROS，证实 ROS 依赖性氧化应激是石墨烯材料抗菌作用的原因之一。[21]石墨烯材料的含氧官能团和缺陷密度对 ROS 的产生有明显的促进作用，进而增强抗菌效果。例如，由于 GO 表面具有大量的含氧官能团（如羧基和羟基等）和结构缺陷，GO 的抗菌效果明显强于同等条件下的 RGO。[22]

ROS 除直接引起氧化应激外，还可介导脂质分子过氧化，引发一系列自由基链式反应，形成脂质过氧化物自由基，通过细胞膜传播氧化损伤。例如，有研究者通过超声过程诱导脂质的过氧化，测定石墨烯材料的自由基调节活性，得到了 ROS 介导的脂质过氧化在不同阶段的反应产物（共轭二烯、脂质氢过氧化物和丙二醛）。[23]

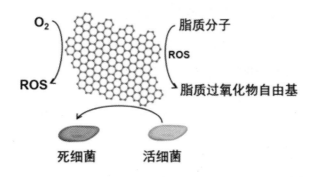

图 8.3 石墨烯材料通过 ROS 依赖性氧化应激过程抗菌的示意图

8.1.4.2　ROS 非依赖性氧化应激

ROS 非依赖性氧化应激主要依靠电荷转移，即通过石墨烯材料传导细菌表面的电荷，破坏细胞膜的生理活动和功能，造成细菌代谢紊乱，致使细菌死亡。[24]Li 等通过以下实验证明了这一点：附着在导电的铜衬底或半导体的锗衬底表面的石墨烯薄膜可以抑制金黄色葡萄球菌和大肠杆菌的生长，但附着在绝缘体二氧化硅表面的石墨烯薄膜却不会影响细菌的生长，因为电子可以从细菌膜转移到石墨烯膜，然后再转移到导体铜（或半导体锗）衬底上，但不能转移到绝缘体二氧化硅衬底上。[24]因此，在这个过程中，石墨烯材料是电子受体，将电子从细菌膜中抽离，导致细菌死亡。

8.1.5　其他机理

除以上几种常见机理外，还有一些其他机理，例如，石墨烯纳米材料诱导的蛋白功能障碍和转录阻滞导致细菌死亡，或石墨烯材料与金属离子螯合后引起 DNA 断裂，造成 DNA 损伤而产生细胞毒性等，同样是石墨烯材料抗菌性能的重要原因。

8.2　影响石墨烯材料抗菌性能的因素

上述抗菌机制主要受三大因素的影响：石墨烯材料的物理和化学性质、细菌因素和环境因素。[25]三者共同作用，协同影响抗菌效果。

8.2.1　石墨烯材料的物理和化学性质

石墨烯材料的物理和化学性质，包括片层层数、横向尺寸、表面电荷、表面官能团、缺陷和粗糙度等均会影响材料的抗菌机制和抗菌性能，尤其会影响氧化应激过程以及材料与细菌间的相互作用。[26]对石墨烯材料的物理和化学性质的调控有望实现提高材料的抗菌活性、降低健康和环境风险等目标。

8.2.1.1　横向尺寸

石墨烯材料的横向尺寸会对石墨烯材料的吸附能力、分散性、棱角和锐边的数量等多种性质产生明显影响，进而影响材料与细菌之间的物理和化学相互作用。虽然已有众多研究报道石墨烯材料的尺寸依赖性抗菌活性，但这些研究结果并不一致。Chen 等人考察了不同横向尺寸的 GO 分散液的抗菌活性，发现与小尺寸 GO 相比，大尺寸 GO 能更加有效地将大肠杆菌灭活。[17]因为大尺寸 GO 可以完全覆盖细胞膜，阻断跨膜运输，而小尺寸 GO 不能有效地将细胞与外界环境隔离，导致抗菌活性减弱。然而，Perreault 等发现，当 GO 被涂覆在基底表面成为涂层时，较小的 GO 由于其较高的缺陷密度而显示出更强的氧化应激和更高的抗菌活性。[16]

8.2.1.2　片层层数

石墨烯材料的片层层数也是影响其抗菌活性的重要因素。石墨烯材料的层数越少，抗菌能力越强，这可能与材料的比表面积增大、缺陷增多、"纳米刀"刺入作用增强有关。[27]例如，Wang 等人的研究结果表明，[8]三层石墨烯片穿透细菌脂质层的能量势垒远大于相同横向尺寸的单层石墨烯片，说明单层石墨烯纳米片具有更高的抗菌活性。而且，当层数增加时，石墨烯的分散性降低，导致石墨烯与细菌之间的接触减少。

8.2.1.3　表面官能团和电荷

石墨烯材料，包括石墨烯、GO 和 RGO 等的含氧官能团密度和电荷量有很大差异。Xia 等对比了具有不同氧化程度、羟基量和碳自由基水平的石墨烯材料的抗菌性能，发现羟基和碳自由基含量最多的水合 GO（hydrated GO）的抗菌作用最强。[28]Liu 等研究者系统比较了石墨、氧化石墨、GO 和 RGO 对大肠杆菌的抗菌活性，发现 GO 的抗菌活性最高，其次是 RGO、石墨和氧化石墨。[13]GO 表面大量的羟基和羧基等官能团促进了 ROS 的产生，导致抗菌活性升高。他们还发现，当石墨烯材料与细胞直接接触时，与绝缘 GO 和氧化石墨相比，导电 RGO 和石墨会诱发更强烈的氧化应激，故抗菌效果更佳。石墨烯材料的官能团和电荷可以改变材料的表面和边缘的性质，影响材料与细菌的相互作用力和"纳米刀"效应，最终导致其抗菌活性的变化。

8.2.1.4　表面粗糙度

粗糙度会影响细菌与石墨烯材料的接触，进而影响膜应力和膜破裂。例如，Zou 等人发现，[29]大肠杆菌和金黄色葡萄球菌受粗糙度为 ~0.5μm 的 GO 膜的影响强烈（菌群存活率下降至对照组的 20%），而蒙氏葡萄球菌主要受粗糙度为 ~0.845μm 的 GO 膜影响（菌群存活率下降至对照组的 ~30%）。类似地，表面光滑的石墨烯膜对杆状铜绿假单胞菌和圆形金黄色假胞菌都有杀灭作用，而表面粗糙的石墨烯膜只能有效地灭活杆状铜绿假单胞菌，[15]证实了石墨烯材料的粗糙度对抗菌性能的影响。

8.2.1.5　其他因素

石墨烯材料的掺杂剂和金属残留物影响：氧化应激（ROS 依赖途径）抗菌过程主要源于石墨烯材料上的催化位点。石墨烯材料的制备过程中残留的痕量金属离子（例如锰离子）可促进 ROS 的产生，进而严重影响材料的抗菌性能。

石墨烯材料的分散状态影响：石墨烯材料，尤其是石墨烯和 RGO，由于具有较高的表面能而趋向团聚，团聚过程会改变材料的表面和边缘性质，影响材料与细菌的相互作用，进而改变抗菌活性。

综上所述，石墨烯材料的物理化学性质，包括横向尺寸、片层数目、缺陷密度、表面粗糙度、含氧基团密度和电荷数等均会影响材料的抗菌性能。然而，哪一项是主要因素仍不确定。而且，石墨烯的制备过程和化学修饰过程总是会同时影响所得石墨烯材料的横向尺寸、层数以及表面和边缘特性，无法实现单一变量地改变某一参数。因此，需要建立更加严格和全面的评价体系来衡量石墨烯材料的抗菌活性。

8.2.2　细菌因素

大部分细菌的基本结构，例如细胞壁、细胞膜、细胞质和细胞核等，是相似的，但不同种类的细菌的组成和形态是独特的。例如，细菌可以根据细胞形状分为球菌（球形）、芽孢杆菌（棒状）、螺旋状或丝状等，均会影响细菌与抗菌药物的相互作用。

8.2.2.1　细菌的种类和结构

细菌的种类和结构会对石墨烯材料的抗菌能力产生影响，例如，石墨烯材料对革兰阳性菌的抗菌性能要优于革兰阴性菌，这除了受石墨烯材料本身的物化性质影响外，还与革兰阳性和阴性菌的外膜结构特点有关。[7]革兰阴性菌（如大肠杆菌和铜绿假单胞菌）在内外细胞膜之间有一层厚度约为 2～3nm 的肽聚糖，而革兰阳性菌（如金黄色葡萄球菌和表皮葡萄球菌）的肽聚糖比阴性菌厚得多，达到 20～80nm，可以为革兰阴性细胞外膜结构提供的额外保护，故更不容易被石墨烯材料杀灭。

用于研究石墨烯材料抗菌性能的模型细菌众多，这些细菌的结构和形状差异巨大，选择合适的细菌种类是评估石墨烯材料抗菌活性的必要条件。目前研究中报道的石墨烯材料的抗菌效果间的矛盾有可能是源于所选细菌的差异。

8.2.2.2 细菌生理条件

细菌生理条件也是决定石墨烯材料抗菌活性的关键因素。Chen 等人发现，[30]当大肠杆菌细胞处于指数生长期（生长期）时，石墨烯材料可以有效地将其灭活，然而，对处于静止期（非生长期）的细胞，石墨烯材料的作用不大。细菌外膜结构的成熟度是影响其与石墨烯材料相互作用的一个关键参数。[31]

8.2.3 环境因素

实验环境，例如 pH、光、电、磁场、超声、液体或固体基质、需氧或缺氧条件、体外或体内环境等，对石墨烯材料抗菌性能的影响主要通过两个途径产生：1）影响石墨烯材料的分散性和生物利用度；2）改变细菌的行为。例如，在培养基分散介质中，培养基会包覆在石墨烯材料表面，从而在一定程度上阻断石墨烯与细菌的接触，削弱石墨烯材料的抗菌性能。环境中的阳离子可以诱导石墨烯材料的聚集，阻碍其与细菌的相互作用，导致抗菌活性降低；在抑菌过程中添加紫外光照射，会显著增强石墨烯材料的抗菌性能；离子强度会影响细菌的渗透压，进而影响细菌与材料的相互作用。

8.3   石墨烯基纳米复合材料的抗菌性能

单独的石墨烯材料虽然具有一定的抗菌活性，但其灭活过程相对缓慢，例如，悬浮液中的细菌细胞可能需要数小时才能被完全灭活。在实际应用中，提高抗菌效率以缩短抗菌时间是非常必要的。为此，研究者们通过一系列的物理和化学方法，用多种纳米材料（例如，金属纳米粒子、金属氧化物纳米粒子、聚合物和生物杀灭剂化合物等）对石墨烯材料进行功能化，以增强材料的抗菌性能并实现可控抗菌。[4, 32, 33]

8.3.1   石墨烯材料–银纳米粒子复合物

银纳米粒子具有较强的广谱抗菌活性，银离子（Ag^+）的释放是银纳米粒子抗菌的主要原因。银纳米粒子能引起细菌细胞膜损伤，干扰 DNA 复制，导致细胞通透性增加，直至细胞死亡。然而，银纳米粒子的分散性差，与细菌细胞接触较少，且银离子的浸出速度快，很难实现长效抗菌。固定在石墨烯材料上的银纳米粒子可以改善上述问题。石墨烯材料上的含氧基团可以作为银纳米粒子生长和/（或）固定的成核位点，得到的石墨烯材料-银纳米粒子复合物表现出双组分协同增强的广谱抗菌活性，可以通过破坏细胞膜、氧化应激和抑制细胞分裂来抑菌，且具有比单独的银纳米粒子更优秀的稳定性和分散性。Peng 等研究者们合成了一系列不同 GO 和银纳米粒子比例的 GO-银纳米粒子复合物，并以革兰阴性菌和革兰阳性菌为模型测试了复合物的抗菌活性。[34]与单独的银纳米粒子相比，复合物的抗菌活性更高，且在低至 2.5μg/mL 的剂量下仍然表现出协同增强的抗菌活性。

8.3.2　石墨烯材料-金纳米粒子复合物

金纳米粒子对大肠杆菌具有抗菌活性，但对金黄色葡萄球菌没有抗菌活性。为了提高金纳米粒子的抗菌性能，将其与石墨烯材料进行杂化，得到的石墨烯材料-金纳米粒子复合物表现出协同增强的抗菌活性。Hussain 等人证实石墨烯材料-金纳米粒子复合物对革兰阳性菌和革兰阴性菌均具有较强的杀菌活性，并与人体细胞具有良好的生物相容性。[35]石墨烯材料-金纳米粒子复合物的抗菌机理为，复合物直接接触细菌导致细胞膜破裂，胞内糖和蛋白质的泄露引起细菌死亡。

8.3.3　石墨烯材料-二氧化钛纳米粒子（TiO_2）复合物

TiO_2是一种典型的金属氧化物半导体光催化剂，对人类和环境都具有高稳定性、低成本和安全性。当 TiO_2 被大于其带隙能量的光能照射时，电子-空穴对将扩散到材料表面，产生的正空穴与水反应生成羟基自由基，负电子与氧结合形成超氧阴离子，这两种 ROS 都能有效地灭活细菌。石墨烯材料与 TiO_2 形成的复合材料具有许多优点。石墨烯能显著抑制电荷载流子复合速率，并将 TiO_2的光响应区域从紫外区扩展到紫外-可见光区域。例如，Akhavan 等人发现，在紫外光照射 4h 后，RGO-TiO_2复合物的抗菌活性达到最高，是单独 TiO_2 的 7.5 倍，因为 RGO 片层能接收 TiO_2 被紫外光激发而产生的导带电子，并有效抑制电荷-载流子复合速率。[36]

8.3.4　石墨烯材料-氧化锌纳米粒子（ZnO）复合物

ZnO 是另一种常用于抗菌剂的金属氧化物半导体光催化剂。ZnO 中锌离子的释放会产生自由基，导致氧化应激的产生和细菌的不可逆损伤。ZnO 纳米粒子通常通过原位还原锌离子，或借助于光催化、溶剂热、热解、微波或热分解等过程固定在石墨烯材料的表面。与石墨烯材料–TiO_2复合物类似，石墨烯材料–ZnO 复合物表现出协同增强的抗菌活性，石墨烯材料改善了 ZnO 的分散性并延缓了锌离子的释放，同时，增加了 ZnO 与细菌细胞紧密接触的机会，进而增加了细菌周围的局部锌浓度和细菌膜的通透性，导致细菌细胞死亡。例如，Wang 等人采用简便的一步法制备了 GO–ZnO 复合材料，GO 的大片层包裹在细菌细胞周围，使 ZnO 纳米颗粒与细胞表面紧密接触，有效地增加了细胞附近 Zn^{2+} 离子的局部浓度，复合物的抗菌能力增强。[37]

8.3.5　石墨烯材料–氧化铁纳米粒子复合物

氧化铁纳米粒子，例如 Fe_3O_4 和 $\gamma-Fe_2O_3$ 等，也具有抗菌性，主要通过释放 Fe^{2+} 引发细胞损伤。区别于其他金属或金属氧化物纳米粒子，磁性氧化铁纳米粒子的磁性质赋予了材料可控分离及靶向功能。石墨烯材料–Fe_3O_4复合物可以高效杀灭大肠杆菌，其效率远高于单独的 Fe_3O_4 纳米颗粒，在完成杀菌过程后，可以通过使用外部磁铁很容易地将复合物从任何介质中分离出来。

8.3.6　石墨烯材料–其他金属或金属氧化物纳米粒子复合物

除以上常见的石墨烯材料–金属或金属氧化物纳米粒子复合物外，铜、镧、二茂铁等金属纳米粒子，铁–银、铁–铂、金–银和银–铜等合金，以及二氧化锡、氧化钨、氧化铜等金属氧化物纳米粒子也可以与石墨烯材料进行杂化，获得具有高抗菌效果的复合材料。

此外，三组分甚至多组分石墨烯复合物，例如 GO–Fe_2O_3–银纳米粒子复合物、GO–Fe_3O_4–银纳米粒子复合物、GO–ZnO–银纳米粒子复合物、RGO–TiO_2–金纳米粒子复合物、石墨烯–TiO_2–ZnO 复合物、RGO–氧化锰–TiO_2复合物等也展现出优秀的抗菌效果和协同增强的靶向、光催化活性等多种附加功能性。

8.3.7　石墨烯材料–聚合物纳米复合物

多种聚合物大分子和小分子已被用于功能化石墨烯材料，例如右旋糖酐、壳聚糖、磺酸、聚丙烯酸、聚赖氨酸、聚乙烯亚胺、聚乙二醇、聚乙烯醇、蛋白质或 DNA 等。聚合物的引入可以在改善石墨烯材料的分散性、机械性能、生物降解性、生物相容性和可加工性的基础上，提高材料的抗菌性能，为多种耐药菌提供新的高效抗菌体系。例如，聚乙烯醇-N-咔唑（polyvinyl-N-carbazole）-GO复合膜的抗菌活性明显高于未修饰的GO，且复合膜展现出更低的细胞毒性；[38]嵌段共聚物表面活性剂Pluronic F-127也可显著增强GO悬浮液的抗菌活性。[39]

8.3.8　石墨烯材料-生物杀灭化合物的复合物

一些生物杀灭化合物，如抗生素、酶、抗菌肽和季铵盐等，也与石墨烯材料结合用于抗菌性能增强。例如，石墨烯材料的二维大平面片层结构是一些传统抗生素（如四环素、环丙沙星等）的良好载体，抗生素可通过π-π堆积作用、静电力、疏水力和共价键等相互作用负载到石墨烯材料表面，获得稳定的石墨烯-抗生素纳米复合材料，有效抑制多类细菌的生长；借助酶固定化技术，溶菌酶可以固定到石墨烯材料上，获得的固定化酶的稳定性高、可回收性良好，极大地增强了复合材料的抗菌性能并降低了酶的使用成本；季铵盐也可通过π-π相互作用组装在石墨烯材料表面，继而被可控释放以制备抗菌活性可调的新型石墨烯基抗菌纳米复合材料。

8.4　石墨烯基抗菌材料的应用领域

基于已有的文献和市售产品检索，目前，石墨烯基抗菌材料主要有以下几种形态：1）分散液；2）薄膜和涂层；3）凝胶；4）纤维；5）大块材料等。[40]由于其优异的物理化学和固有的抗菌性能，石墨烯基抗菌材料在生物医药、家居和服装、净化过滤、化妆品等领域得到广泛应用。[41-43]

在生物医药领域，产品包括石墨烯基创面敷料、医用抗菌绷带、组织工程支架、药物递送系统、医用凝胶、骨科和牙科移植材料抗菌涂层等。[31]例如，石墨烯基医用抗菌绷带和医用凝胶显示出优异的抗菌活性并可加快伤口愈合率，可以有效促进皮肤创口或手术创口的愈合；[31]石墨烯基骨移植材料可以有效提供抗菌屏蔽同时促进移植部位的细胞增殖，加快组织器官恢复；[44]石墨烯基棉织物对皮肤的刺激性小，耐洗性高，是抗菌创口敷料的理想选择；[45]石墨烯基纳米复合材料作为抗菌性组织工程支架材料，能够有效促进人和哺乳动物细胞的生长；[46]石墨烯基抗菌材料还可实现抗菌药物的缓释和控释，延长药物的释放时间，完善控制性给药系统等。

在家居和服装领域，石墨烯纺织用品包括石墨烯抗菌服装、抗菌地毯和墙纸、抗菌理疗仪等，例如，将石墨烯与织物结合，可制备具备抗菌性能的抗静电、电磁屏蔽或导电织物，应用于制备高性能运动服、军用服装设备等；将石墨烯掺入传统理疗仪的配件中，可以在提高理疗效率（例如，增强电-热转化效率）的同时实现抗菌效果。

在净化过滤领域，石墨烯基滤材主要包括口罩、膜过滤器、复合电极、凝胶柱等，石墨烯的加入可以在保持原有材料过滤性能的同时，提高滤材的抗菌能力和安全性。

在化妆品领域，石墨烯材料的掺杂可以为面膜、乳液、美容辅助工具等提供长效、低毒的抗菌防护。

目前，国内石墨烯抗菌材料的市场主要集中在石墨烯复合抗菌服装和滤材等领域，其他领域的市场也在逐步扩大。但是，由于缺少明确的国家质量标准和监管体系，现有的石墨烯抗菌产品质量性能参差不齐，未来需要进一步完善产品工艺、建立产品质量标准以满足市场需求。

8.5　总结

本章简要综述了石墨烯纳米材料作为新一代抗菌剂的研究进展。石墨烯材料是一种新型的绿色广谱抗菌材料，对细菌的耐药性小，对哺乳动物细胞的毒性作用也很小。石墨烯材料可以通过对细菌产生物理和化学损伤发挥抗菌作用，也可以作为载体分散和稳定各种纳米材料，如金属、金属氧化物和聚合物等，通过其协同增强作用，赋予复合物很高的抗菌效率。虽然现阶段已建立多种抗菌机制，但由于胞内生化反应的复杂性、抗菌实验方法缺乏一致性等原因，很多研究结果仍存在分歧。在今后的研究中，迫切需要采用更严格的标准来衡量材料的物化性质和微生物活性，深入发掘石墨烯材料的抗菌潜力。

参考文献

1. WHO Antimicrobial resistance：global report on surveillance 2014；2014.

2. Maria M. . Anastasios I. , Emmanouil M. , Oleg U. , Cristian G. B. , Stylianos C. , Michael R. H. , George P. T. . Therapeutic Options and Emerging

Alternatives for Multidrug Resistant Staphylococcal Infections. *Current Pharmaceutical Design*, 2015, 21 (16), 2058-2072.

3. Tegou E. , Magana M. , Katsogridaki A. E. , Ioannidis A. , Raptis V. , Jordan S. , Chatzipanagiotou S. , Chatzandroulis S. , Ornelas C. , Tegos G. P. . Terms of endearment: Bacteria meet graphene nanosurfaces. *Biomaterials* 2016, 89, 38-55.

4. Yousefi M. , Dadashpour M. , Hejazi M. , et al. Anti-bacterial activity of graphene oxide as a new weapon nanomaterial to combat multidrug - resistance bacteria. *Materials Science and Engineering*: C 2017, 74, 568-581.

5. LaVan D. A. , McGuire T. , Langer, R. . Small-scale systems for in vivo drug delivery. *Nature Biotechnology*, 2003, 21 (10), 1184-1191.

6. Hu W. , Peng C. , Luo W. , et al. Graphene-Based Antibacterial Paper. *ACS Nano*, 2010, 4 (7), 4317-4323.

7. Akhavan O. , Ghaderi E. . Toxicity of Graphene and Graphene Oxide Nanowalls Against Bacteria. *ACS Nano*, 2010, 4 (10), 5731-5736.

8. Wang J. , Wei Y. , Shi X. , Gao H. . Cellular entry of graphene nanosheets: the role of thickness, oxidation and surface adsorption. *Rsc Advances*, 2013, 3 (36), 15776-15782.

9. Titov A. V. , Kral P. , Pearson R. . Sandwiched Graphene - Membrane Superstructures. *ACS Nano*, 2010, 4 (1), 229-234.

10. Guo R. , Mao J. , Yan L. -T. . Computer simulation of cell entry of graphene nanosheet. *Biomaterials*, 2013, 34 (17), 4296-4301.

11. Zou X. , Zhang L. , Wang Z. , Luo, Y. . ChemInform Abstract: Mechanisms of the Antimicrobial Activities of Graphene Materials. *ChemInform* 2016, 47 (22) .

12. Ye S. , Shao K. , Li Z. , et al. Antiviral Activity of Graphene Oxide: How Sharp Edged Structure and Charge Matter. *ACS Applied Materials & Interfaces*, 2015, 7 (38), 21571-21579.

13. Liu S. , Zeng T. H. , Hofmann M. , et al. Antibacterial Activity of Graphite, Graphite Oxide, Graphene Oxide, and Reduced Graphene Oxide: Membrane and Oxidative Stress. *ACS Nano*, 2011, 5 (9), 6971-6980.

14. Mao J. , Guo R. , Yan L. - T. . Simulation and analysis of cellular internalization pathways and membrane perturbation for graphene nanosheets. *Biomaterials*, 2014, 35 (23), 6069-6077.

15. Pham V. T. H., Vi Khanh T., Quinn M. D. J., et al. Graphene Induces Formation of Pores That Kill Spherical and Rod-Shaped Bacteria. *ACS Nano*, 2015, 9 (8), 8458-8467.

16. Perreault F., de Faria A. F., Nejati S., Elimelech M.. Antimicrobial Properties of Graphene Oxide Nanosheets: Why Size Matters. *ACS Nano* 2015, 9 (7), 7226-7236.

17. Liu S., Hu M., Zeng T. H., et al. Lateral Dimension – Dependent Antibacterial Activity of Graphene Oxide Sheets. *Langmuir*, 2012, 28 (33), 12364 -12372.

18. Tu Y., Lv M., Xiu P., et al. Destructive extraction of phospholipids from Escherichia coli membranes by graphene nanosheets. *Nat Nanotechnol*, 2013, 8 (8), 594-601.

19. West J. D., Marnett L. J.. Endogenous reactive intermediates as modulators of cell signaling and cell death. *Chemical Research in Toxicology*, 2006, 19 (2), 173-194.

20. Li J., Wang G., Zhu H., et al. Antibacterial activity of large – area monolayer graphene film manipulated by charge transfer. *Scientific Reports* 2014, 4, 4359.

21. Krishnamoorthy K., Umasuthan N., Mohan R., Lee J., Kim S. J.. Antibacterial Activity of Graphene Oxide Nanosheets. *Science of Advanced Materials*, 4 (11), 1111-1117.

22. Chen J., Wang X., Han H.. A new function of graphene oxide emerges: inactivating phytopathogenic bacterium Xanthomonas oryzae pv. Oryzae. *Journal of Nanoparticle Research*, 2013, 15 (5).

23. Krishnamoorthy K., Veerapandian M., Zhang L. -H., et al. Antibacterial Efficiency of Graphene Nanosheets against Pathogenic Bacteria via Lipid Peroxidation. *Journal of Physical Chemistry C*, 2012, 116 (32), 17280-17287.

24. Li J., Wang G., Zhu H., et al. Antibacterial activity of large – area monolayer graphene film manipulated by charge transfer. *Scientific Reports*, 2014, 4 (1), 4359.

25. Rojas-Andrade M. D.; Chata G., Rouholiman D., et al. Antibacterial mechanisms of graphene-based composite nanomaterials. *Nanoscale*, 2017, 9 (3), 994-1006.

26. Karahan H. E., Wang Y., Li W., et al. Antimicrobial graphene materials:

the interplay of complex materials characteristics and competing mechanisms. *Biomaterials Science*, 2018, 6 (4), 766−773.

27. Qiu J. , Geng H. , Wang D. , et al. Layer−Number Dependent Antibacterial and Osteogenic Behaviors of Graphene Oxide Electrophoretic Deposited on Titanium. *ACS Applied Materials & Interfaces*, 2017, 9 (14), 12253−12263.

28. Li R. , Mansukhani N. D. , Guiney L. M. , et al. Identification and Optimization of Carbon Radicals on Hydrated Graphene Oxide for Ubiquitous Antibacterial Coatings. *ACS Nano*, 2016, 10 (12), 10966−10980.

29. Zou F. , Zhou H. , Jeong D. Y. , et al. Wrinkled Surface − Mediated Antibacterial Activity of Graphene Oxide Nanosheets. *ACS Applied Materials & Interfaces*, 2017, 9 (2), 1343−1351.

30. Karahan H. E. , Wei L. , Goh K. , et al. Bacterial physiology is a key modulator of the antibacterial activity of graphene oxide. *Nanoscale*, 2016, 8 (39), 17181−17189.

31. Karahan H. E. , Wiraja C. , Xu C. , et al. Antimicrobial Nanomedicine: Graphene Materials in Antimicrobial Nanomedicine: Current Status and Future Perspectives (Adv. Healthcare Mater. 13/2018) . *Advanced Healthcare Materials*, 2018, 7 (13), 1870050.

32. Szunerits S. , Boukherroub R. . Antibacterial activity of graphene − based materials. *Journal of Materials Chemistry B*, 2016, 4 (43), 6892−6912.

33. Zhu J. , Wang J. , Hou J. , et al. Graphene−based antimicrobial polymeric membranes: a review. *Journal of Materials Chemistry A*, 2017, 5 (15), 6776 −6793.

34. Tang J. , Chen Q. , Xu L. , et al. Graphene Oxide−Silver Nanocomposite As a Highly Effective Antibacterial Agent with Species−Specific Mechanisms. *ACS Applied Materials & Interfaces*, 2013, 5 (9), 3867−3874.

35. Hussain N. , Gogoi A. , Sarma R. K. , et al. Das, M. R. , Reduced Graphene Oxide Nanosheets Decorated with Au Nanoparticles as an Effective Bactericide: Investigation of Biocompatibility and Leakage of Sugars and Proteins. *ChemPlusChem*, 2014, 79 (12), 1774−1784.

36. Akhavan O. , Ghaderi E. . Photocatalytic Reduction of Graphene Oxide Nanosheets on TiO_2 Thin Film for Photoinactivation of Bacteria in Solar Light Irradiation. *The Journal of Physical Chemistry C*, 2009, 113 (47), 20214−20220.

37. Wang Y. -W. , Cao A. , Jiang Y. , et al. Superior Antibacterial Activity of

Zinc Oxide/Graphene Oxide Composites Originating from High Zinc Concentration Localized around Bacteria. *ACS Applied Materials & Interfaces*, 2014, 6 (4), 2791 −2798.

38. Santos C. M., Tria M. C. R., Vergara R. A. M. V., et al. Antimicrobial graphene polymer (PVK – GO) nanocomposite films. *Chemical Communications*, 2011, 47 (31), 8892−8894.

39. Karahan H. E., Wei L., Goh K., et al. Synergism of Water Shock and a Biocompatible Block Copolymer Potentiates the Antibacterial Activity of Graphene Oxide. *Small*, 2016, 12 (7), 951−962.

40. Henriques P. C., Borges I., Pinto A. M., et al. Fabrication and antimicrobial performance of surfaces integrating graphene−based materials. *Carbon*, 2018, 132, 709−732.

41. 金秀龙. 石墨烯抗菌抗病毒研究进展；上海烯望材料科技有限公司, 2020.

42. Ji H., Sun H., Qu X.. Antibacterial applications of graphene – based nanomaterials：Recent achievements and challenges. *Advanced Drug Delivery Reviews*, 2016, 105, 176−189.

43. Zeng X., Wang G., Liu Y., Zhang X.. Graphene−based antimicrobial nanomaterials：rational design and applications for water disinfection and microbial control. *Environmental Science：Nano*, 2017, 4 (12), 2248−2266.

44. Sun H., Gao N., Dong K., et al. Graphene Quantum Dots−Band−Aids Used for Wound Disinfection. *ACS Nano*, 2014, 8 (6), 6202−6210.

45. Zhao J., Deng B., Lv M., et al. Graphene Oxide−Based Antibacterial Cotton Fabrics. *Advanced Healthcare Materials*, 2013, 2 (9), 1259−1266.

46. Si H., Luo H., Xiong G., et al. One−Step In Situ Biosynthesis of Graphene Oxide – Bacterial Cellulose Nanocomposite Hydrogels. *Macromolecular Rapid Communications*, 2014, 35 (19), 1706−1711.

第九章　石墨烯衍生物杂化水凝胶材料的制备及其光控抗菌性能研究

石墨烯经氧化后得到氧化石墨烯（GO），表面含有大量的羟基、羰基、羧基和环氧基等含氧基团。[1] GO 经过不同程度的还原得到还原氧化石墨烯（RGO）。GO 和 RGO 作为石墨烯的衍生物，性质更加活泼，更易与其他材料结合，获得多种功能化复合材料。由于石墨烯衍生物所具有的优异的性能，其被认为在生物领域具有巨大的潜力及独特的价值。

2010 年，Hu 等首次发现了石墨烯具有优异的抗菌性能，研究表明 GO 分散液与大肠杆菌共培养 2 h 后，抗菌率超过 90%。[2] 此外，石墨烯及其衍物还具有良好的生物相容性。[3] 这使石墨烯及其衍生物越来越多地被应用到了抗菌领域。

近年来，光动力抗菌（PDA）和光热抗菌（PTA）因杀菌率高、不良反应小而受到广泛关注。[4,5] 石墨烯及其衍生物在近红外区域（700 ~1100 nm）具有较强的吸收能力，具备优良的光热转换性能和光催化性能。[6-8] 局部过热与活性氧（ROS）协同作用会增加细菌的细胞膜通透性，使得 ROS 更容易进入并杀灭细菌。[9,10] 太原理工大学张翔宇团队近年来将含有石墨烯的纳米复合材料引入水凝胶体系进行了相关光控抗菌性能研究。本章就相关工作进行简要论述。

9.1　RGO/MoS$_2$/Ag$_3$PO$_4$杂化水凝胶的制备及抗菌性能研究

将 RGO、MoS$_2$、Ag$_3$PO$_4$这三种纳米材料复合，能够有利于电子的迁移和电子-空穴的分离，大大提高材料的光催化性能。这种复合纳米材料在可见光照射下能够产生大量的 ROS，在近红外激光照射下也会产生足够热量。同时，石墨烯材料之间存在的强界面作用力能够有效增强杂化水凝胶的力学性能。

通过联氨反应与原位沉积方法相结合制备出了 RGO/MoS$_2$/Ag$_3$PO$_4$ 复合纳米材料，超声使复合纳米材料均匀分散在聚乙烯醇水溶液中，经冻融循环（−20 ℃ ~37 ℃）五次制备出了纳米材料杂化水凝胶。具体制备流程如下图 9.1 所示。同时制备纯聚乙烯醇水凝胶、GO 杂化水凝胶及 RGO/MoS$_2$ 杂化水凝胶。

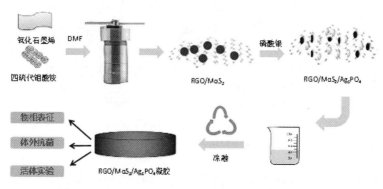

图 9.1 RGO/MoS$_2$/Ag$_3$PO$_4$ 杂化水凝胶制备示意图

9.1.1 水凝胶的表征测试

9.1.1.1 复合纳米材料的表面形貌

图 9.2 为纳米材料的 SEM 图像。从图 9.2（a）可以看出，GO 具有典型的片层状结构。复合 MoS$_2$ 后，MoS$_2$ 颗粒均匀的覆盖在 GO 表面，如图 9.2（b）所示。经 Ag$_3$PO$_4$ 进一步复合后，从图 9.2（c）可以看出纳米材料的形貌发生了明显的改变。此外，高分辨 TEM 图像表明 RGO/MoS2/Ag$_3$PO$_4$ 复合纳米材料被成功制备。

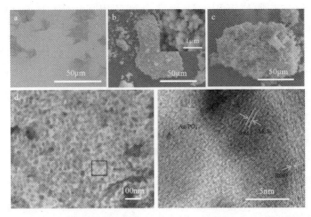

图 9.2　(a) GO、(b) RGO/MoS$_2$及（c）RGO/MoS$_2$/Ag$_3$PO$_4$复合纳米材料
的 SEM 图像；(d、e) RGO/MoS$_2$/Ag$_3$PO$_4$复合纳米材料的 TEM 图像

图 9.3 为 RGO/MoS$_2$/Ag$_3$PO$_4$复合纳米材料的 EDS 能谱图，从中可以看出，Ag、P、C、Mo 和 S 等元素均匀分布在纳米材料中，进一步证明了 RGO/MoS$_2$/Ag$_3$PO$_4$纳米材料的成功复合。

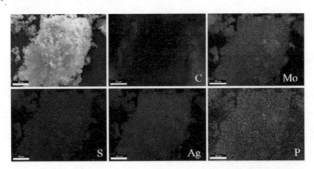

图 9.3　RGO/MoS$_2$/Ag$_3$PO$_4$复合纳米材料的 EDS 能谱图

9.1.1.2　杂化水凝胶的形貌表征

图 9.4 为水凝胶宏观和微观的形貌图，从中可以看出，聚乙烯醇水凝胶呈现纯白色，而 RGO/MoS$_2$/Ag$_3$PO$_4$杂化水凝胶呈现灰黑色。微观结构表明，杂化水凝胶呈现多孔状结构，孔径大约在 10 μm 左右且多孔结构之间具有良好的连通性。此外在网状结构中可以观察到 RGO/MoS$_2$/Ag$_3$PO$_4$复合纳米颗粒。

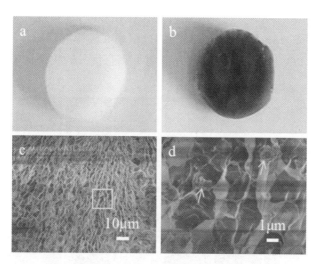

图 9.4 （a）聚乙烯醇水凝胶和 （b）RGO/MoS$_2$/Ag$_3$PO$_4$杂化水凝胶的宏观形貌；
（c、d）RGO/MoS$_2$/Ag$_3$PO$_4$杂化水凝胶的 SEM 形貌

9.1.1.3 杂化水凝胶的力学性能

应力应变结果表明，在相同应变下 RGO/MoS$_2$/Ag$_3$PO$_4$杂化水凝胶需要更大的应变力。这是由于 RGO 的均匀分布以及强界面作用，[11]使杂化水凝胶力学性能相比于聚乙烯醇水凝胶有了明显提高，且具有良好的柔韧性。

此外，由于 GO 的-COOH 和-OH 官能团可以形成氢键与水结合，[12]RGO/MoS$_2$/Ag$_3$PO$_4$杂化水凝胶的溶胀率均高于聚乙烯醇水凝胶，但同时由于 GO 的部分还原，相比于 GO-MoS$_2$杂化水凝胶，RGO/MoS$_2$/Ag$_3$PO$_4$杂化水凝胶溶胀比性能有所下降。

9.1.2 杂化水凝胶抗菌性能评估

9.1.2.1 平板涂布

金黄色葡萄球菌与大肠杆菌在水凝胶表面经过不同类型的光源光照 10 min 后，抗菌结果如图 9.5、9.6 所示。黑暗条件下所有的水凝胶几乎没有明显抗菌效果，但是经过光照后抗菌效果均有明显的提升，在双光条件下抗菌效果最佳。可以看出与聚乙烯醇水凝胶、GO 杂化水凝胶及 RGO/MoS$_2$水凝胶相比，RGO/MoS$_2$/Ag$_3$PO$_4$杂化水凝胶表面的金黄色葡萄球菌和大肠杆菌数量均显著减少，其对金黄色葡萄球菌的抗菌率达 97.8%±1.6%，对大肠杆菌的

抗菌率达 98.33%±1.8%。与双光照射相比，在 660 nm 可见光或 808 nm 近红外光下 RGO/MoS$_2$/Ag$_3$PO$_4$ 杂化水凝胶的抗菌率又大幅度降低。抗菌结果表明，RGO/MoS$_2$/Ag$_3$PO$_4$ 杂化水凝胶在双光照射下具有优异的抗菌性能。

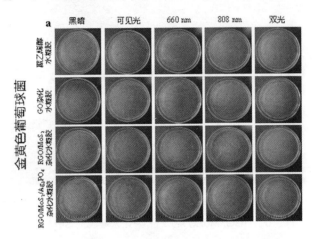

图 9.5　不同光照条件下金黄色葡萄球菌活菌落的图像

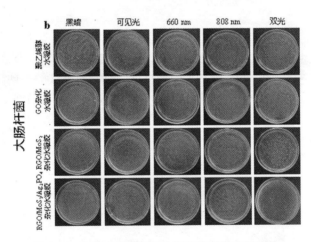

图 9.6　不同光照条件下大肠杆菌活菌落的图像

9.1.2.2　细菌 SEM 形貌

金黄色葡萄球菌和大肠杆菌在 RGO/MoS$_2$/Ag$_3$PO$_4$ 杂化水凝胶表面经过双光照射培养 10 min 后，用 SEM 观察其表面形貌。从图 9.7 可以看出，聚乙烯醇水凝胶组和 GO 杂化水凝胶组细菌形貌均保持正常形态，RGO/MoS$_2$杂化水凝胶组两种细菌表面均出现不规则的变形情况，RGO/MoS₂/Ag₃PO₄ 杂化水凝胶的细菌形貌发生较大的变形且部分表面已经完全溶解破裂，这说明在双光条件下 RGO/MoS₂/Ag₃PO₄ 杂化水凝胶对细菌的破坏作用最为明显。

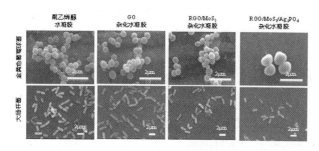

图 9.7　不同水凝胶作用的细菌双光光照 10 min 时的形貌图

9.1.3　杂化水凝胶抗菌机理研究

9.1.3.1　杂化水凝胶的光热性能

分别使用 660 nm 可见光、808 nm 近红外光及双光照射杂化水凝胶 10 min，通过热成像仪记录聚乙烯醇水凝胶、GO 杂化水凝胶、RGO/MoS₂ 杂化水凝胶和 RGO/MoS₂/Ag₃PO₄ 杂化水凝胶的光热响应效果并进行比较。由图 9.8 可知双光照射下 RGO/MoS₂/Ag₃PO₄ 杂化水凝胶表现出最佳的光热转化性能。

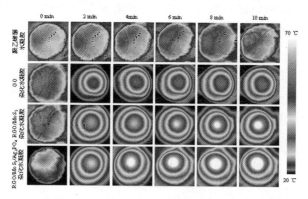

图 9.8　不同水凝胶在双光照射下的热成像图

9.1.3.2　杂化水凝胶的光催化性能

为了研究 RGO/MoS₂/Ag₃PO₄ 杂化水凝胶在单光或双光照射下的光催化性

能，分别利用甲基紫精（MV）和1，3-二苯基异苯并呋喃（DPBF）对水凝胶产生的·OH和$^1O_2$含量进行测试。

MV能够与·OH发生反应从而导致580 nm处吸收峰的变化，因此·OH的含量能够通过MV紫外吸收峰的变化来反映。[13]在单光或双光照射下，GO杂化水凝胶、RGO/MoS$_2$杂化水凝胶和RGO/MoS$_2$/Ag$_3$PO$_4$杂化水凝胶都能够产生·OH。无论在哪种光照条件下均能够发现RGO/MoS$_2$/Ag$_3$PO$_4$杂化水凝胶所产生的·OH最多。此外，相比于808 nm近红外，RGO/MoS$_2$/Ag$_3$PO$_4$杂化凝胶在660 nm可见光照射下所产生的·OH更多，而在双光照射条件下产生的·OH含量是最多的。由此证明，RGO/MoS$_2$/Ag$_3$PO$_4$杂化水凝胶在双光照射条件下能够产生大量的羟基自由基。

DPBF能够与$^1O_2$发生化学反应，从而导致420 nm处吸收峰的变化。因此，光照下所产生的$^1O_2$的浓度能够通过DPBF吸收峰的变化来反映。GO杂化水凝胶、RGO/MoS$_2$杂化水凝胶和RGO/MoS$_2$/Ag$_3$PO$_4$杂化水凝胶在单光或双光照射下均能够产生$^1O_2$。此外，相比于808 nm近红外光，RGO/MoS$_2$/Ag$_3$PO$_4$杂化水凝胶在660 nm可见光照射下所产生的$^1O_2$更多，且在双光下产生的$^1O_2$是最多的。由此证明，RGO/MoS$_2$/Ag$_3$PO$_4$杂化水凝胶在双光照射条件下能够产生大量的超氧自由基。

9.1.3.3　杂化水凝胶表面谷胱甘肽检测

谷胱甘肽（GSH）在细胞内部起着重要的抗氧化作用，与ROS发生反应后GSH会被氧化成谷胱甘肽二硫（GSSG）。[14]实验表明，GO水凝胶、RGO/MoS$_2$水凝胶和RGO/MoS$_2$/Ag$_3$PO$_4$水凝胶在单光或者双光照射下均能够引起GSH的氧化。其中RGO/MoS$_2$/Ag$_3$PO$_4$杂化水凝胶对GSH的氧化性能明显强于其他组，而且在不同类型光源照射下呈现以下顺序：双光>808 nm>660 nm。说明RGO/MoS$_2$/Ag$_3$PO$_4$杂化水凝胶在双光照射的条件下表现出最优的谷胱甘肽氧化性能。

9.1.3.4　杂化水凝胶抗菌机理

上述实验结果表明，在双光照射下RGO/MoS$_2$/Ag$_3$PO$_4$杂化水凝胶所产生的ROS最多、具有最佳的光热转换性能，同时具有最优异的谷胱甘肽氧化性能。这是由于，在双光照射条件下MoS$_2$和Ag$_3$PO$_4$会受光激发产生光生电子，部分光生电子会跃迁到RGO表面，而RGO的高导电性会促使这些光生电子快速远程迁移，大大降低了光生电子与光生空穴的结合，由此产生的光生空穴会氧化还原水产生·OH，而光生电子会与氧气结合从而形成$^1O_2$。同时，RGO与MoS_2是良好的光热转化材料，在光照条件下产生的热量与ROS协调作用会增大细菌细胞膜的通透性，使ROS更容易进入细菌内部氧化并破坏细菌内蛋白，快速杀灭细菌。

9.1.4 杂化水凝胶的生物相容性

通过MTT和荧光染色来评价杂化水凝胶对内皮细胞的生物相容性。MTT结果表明，1d和2d培养后不同样品之间的细胞数量并无明显差异。通过荧光染色观察内皮细胞在水凝胶表面铺展情况，结果表明内皮细胞在杂化水凝胶表面也能很好铺展，仍有良好的骨架结构。细胞实验证明$RGO/MoS_2/Ag_3PO_4$杂化水凝胶具有良好的生物相容性。

9.1.5 杂化水凝胶体内抗菌性能及伤口愈合功能

由图9.9大鼠伤口处的热成像图可知，经10 min照射后聚乙烯醇水凝胶作用的伤口处温度几乎没有变化，而$RGO/MoS_2/Ag_3PO_4$杂化水凝胶作用的伤口温度从26.1 ℃升高至49.9 ℃，进一步说明杂化水凝胶具有优良的光热转换性能。

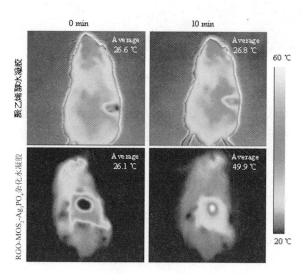

图9.9　双光下大鼠背部水凝胶的体内热图像（拍摄时间分别为0 min和10 min）

为了验证杂化水凝胶伤口愈合功能结果，分别在2、4、8、14d后观察大鼠背部伤口模型愈合的过程。在第2d时，与聚乙烯醇水凝胶组相比，RGO/

MoS_2/Ag_3PO_4杂化水凝胶组脓液明显减少。取脓液进行平板涂布实验来验证伤口处细菌感染情况。结果表明，$RGO/MoS_2/Ag_3PO_4$水凝胶组中细菌数量相比于空白PVA组明显减少，这与体外抗菌结果相互一致。经过14d的观察后，大鼠伤口均发生良好的愈合情况，其中$RGO/MoS_2/Ag_3PO_4$水凝胶组伤口近乎完全愈合。

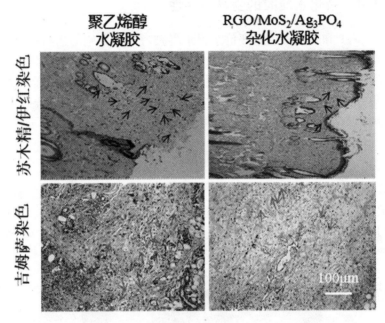

图9.10　伤口处组织学染色

　　通过组织学切片进一步分析伤口处感染情况。取第2天伤口处皮肤组织进行切片，然后分别进行H&E染色和Giemsa染色。染色结果如图9.10所示，聚乙烯醇水凝胶组伤口处有大量的免疫细胞和细菌存在，而$RGO/MoS_2/Ag_3PO_4$水凝胶组仅能观察到少量免疫细胞和细菌存在，进一步证明了杂化水凝胶在体内优良的抗菌性能。

　　在第14天对大鼠的心脏、肝脏、肾脏、肺以及脾脏进行组织学分析，进一步研究杂化水凝胶体内安全性。实验结果如图9.11所示，器官均没有明显的异常或损伤，证明了$RGO/MoS_2/Ag_3PO_4$杂化水凝胶在体内应用的安全性。

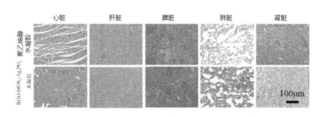

图 9.11　组织学分析 H&E 染色对主要器官的细胞毒性作用

综上所述，由于复合纳米材料均匀分布在聚乙烯醇水凝胶的网状结构中，而且石墨烯存在强界面作用力，合成的 $RGO/MoS_2/Ag_3PO_4$ 杂化水凝胶力学性能得到了较大的提升。$RGO/MoS_2/Ag_3PO_4$ 杂化水凝胶在 660 nm 和 808 nm 双光照射下具有优异光热和光动力性能，使其在 10 min 内可展现出良好的抗菌性能。通过活体实验证明了杂化水凝胶具有体内抗感染能力和良好的生物安全性。

9.2　GO/RB/PVA 杂化水凝胶的制备及抗菌性能研究

本节通过对改性氧化石墨烯网络（β-GO）、壳聚糖微球（CM）固定的孟加拉红（RB）和聚乙烯醇（PVA）混合溶液进行冻融循环，制备了 GO-RB-PVA 杂化水凝胶。通过体内体外一系列实验系统的研究了其力学性能、光控抗菌能力、生物相容性及对小鼠伤口愈合的促进作用。

9.2.1　杂化水凝胶的制备

在 β-环糊精（β-CD）和 2-乙酰基苯甲酸组成的二甲基亚砜（DMSO）混合溶液得到 β-环糊精醛（β-CD-DA）[15,16]。向 GO 分散液中加入 3-氨基丙基三乙氧基硅烷，用 DMSO 进行超声处理。β-CD-DA 加入 GO 分散液中，得到 GO 在 DMSO 中的均匀分散液。在壳聚糖溶液中加入三聚磷酸钠，得到壳聚糖微球（CM）后，与化学改性的 RB 混合得到接枝在 CM 上的 RB[17,18]。向上述均匀分散液中分别加入接枝在 CM 上的 RB 和 PVA，得到 β-GO-RB-PVA 杂化水凝胶。同时，制备 PVA 水凝胶、GO-PVA 水凝胶和 β-GO-PVA 水凝胶。

9.2.2 杂化水凝胶的表征

9.2.2.1 纳米材料的 TEM 表征

引入 β-CD-DA 后，N 和 Si 的浓度下降，证明了 β-GO 成功合成。从 GO、GO-NH₂ 及 β-GO 纳米材料的 TEM 图 9.12 可以看出，GO 呈几乎透明的薄片状，褶皱较少，GO-NH₂ 与 GO 没有显著差异。然而，β-GO 的褶皱明显增加，并在表面观察到不透明的斑点（黑色的圆），推测是引入生物交联剂 β-CD-DA，GO 发生了交联反应形成无机网络状的 β-GO。

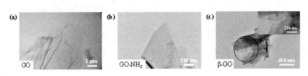

图 9.12　(a) GO、(b) GO-NH₂ 及 (c) β-GO 纳米材料的 TEM 图像

9.2.2.2 杂化水凝胶的 SEM 表征

图 9.13 为样品悬浮液和相应水凝胶的图片。原始的 PVA 悬浮液是白色的，在引入 GO 后，悬浮液变成黑色。经过冻融，形成一定形状的固体水凝胶。为了观察其形貌，将水凝胶冻干 24 h 后拍摄 SEM 图像。PVA 水凝胶具有多孔结构。然而，所有杂化水凝胶结构都比较致密且无孔隙。

图 9.13　PVA 水凝胶、GO-PVA 水凝胶、β-GO-PVA 水凝胶
和 β-GO-RB-PVA 水凝胶的 (a) 悬浮液、(b) 宏观形貌及 SEM 图像

9.2.3 杂化水凝胶的力学性能

应力应变实验表明，PVA 水凝胶的多孔结构导致其力学性能较差，β-GO 无机网络结构使水凝胶的力学性能得到了改善，而引入接枝在 CM 上的 RB 后，水凝胶的力学性能略有下降。

9.2.4 杂化水凝胶的含水量及溶胀行为

从杂化水凝胶的含水量及溶胀行为实验可知，不同水凝胶之间的含水量无显著差异。由于多孔结构 PVA 水凝胶具有很强的吸水能力。虽然杂化水凝胶结构致密，但 GO-PVA、β-GO-PVA 以及 β-GO-RB-PVA 水凝胶也具有与 PVA 水凝胶相似的吸水能力。这是因为杂化水凝胶含有丰富的羟基和羧基，可以捕获空气中的水分子并与 PVA 形成氢键。[19-22]

9.2.5 杂化水凝胶抗菌机理研究

9.2.5.1 杂化水凝胶的光热性能

分别使用 550 nm 可见光、808 nm 近红外光和双光照射水凝胶，由图 9.14 杂化水凝胶在不同光源光照下的热成像可知，在单光或双光照射下，PVA 水凝胶温度都没有明显的升高。在 550 nm 可见光照射下，GO-PVA 水凝胶、β-GO-PVA 水凝胶及 β-GO-RB-PVA 水凝胶的温度从 20℃ 至 30 ℃，略有升高；而在 808 nm 近红外光或双光照射下，三者的温度均持续升高，在 10 min 时达到 50 ℃左右。结果表明，仅在 808 nm 近红外光的照射下，三种水凝胶均具有良好的光热转换能力。

9.2.5.2 杂化水凝胶的光催化性能

为了研究杂化水凝胶在不同光源光照时的光催化性能，分别利用甲基紫（MV）和 1，3-二苯基异苯并呋喃（DPBF）对杂化水凝胶产生·OH 和 $^1O_2$ 的能力进行评估。

杂化水凝胶在 550 nm 可见光或 808 nm 近红外光照射下可以产生·OH，然而在双光照射下，杂化水凝胶产生了更多·OH。此外，在任何光照射下，β-GO-RB-PVA 水凝胶生成的·OH 都少于 GO-PVA 水凝胶，说明 GO 的化学改性降低了光催化能力。而 β-GO-RB-PVA 水凝胶生产的·OH 最多，说明引入 RB 改善了杂化水凝胶的光催化性能。

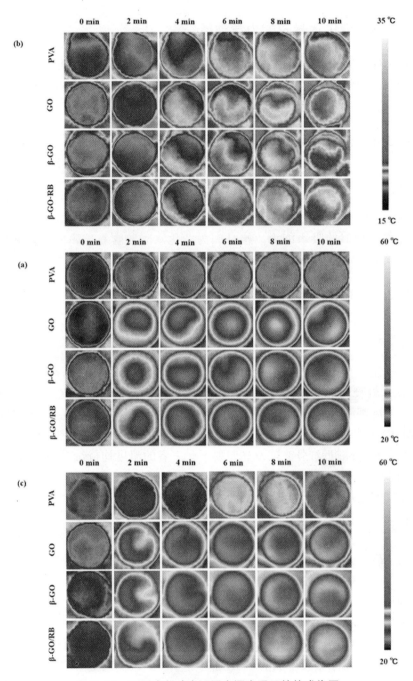

图 9.14　不同水凝胶在不同光源光照下的热成像图

使用不同光源光照杂化水凝胶使其产生$^1O_2$的实验可知，在 550 nm 可见光和双光照射下，GO-PVA 水凝胶、β-GO-PVA 水凝胶和 β-GO-RB-PVA 水凝胶均可产生$^1O_2$，且产生$^1O_2$的能力始终为 β-GO-RB-PVA 水凝胶>GO-PVA 水凝胶>β-GO-PVA 水凝胶。总之，RB 的引入提高了杂化水凝胶的光催化能力，β-GO-RB-PVA 水凝胶产生的活性氧主要是由 550 nm 可见光激发。

9.2.5.3 杂化水凝胶的谷胱甘肽检测

谷胱甘肽（GSH）与自由基反应会被氧化为谷胱甘肽二硫化物（GSSG），在维持细胞氧化还原平衡中发挥关键作用。[23-27] 由 GSH 的紫外吸收光谱可知，GO-PVA 水凝胶、β-GO-PVA 水凝胶和 β-GO-RB-PVA 水凝胶在不同光照射下均引起 GSH 的氧化反应，双光照射下产生的 GSSG 最多。在相同光源光照下，GSH 的氧化性能为 β-GO-RB-PVA 水凝胶>GO-PVA 水凝胶>β-GO-PVA 水凝胶。虽然 GSH 的氧化与活性氧和温度有关，但结果表明，RB 的引入有利于 GSH 发生氧化反应。[28]

9.2.6 杂化水凝胶的体外抗菌性能

9.2.6.1 平板涂布

由金黄色葡萄球菌和大肠杆菌分别在 550 nm 可见光、808 nm 近红外光和双光照射 10 min 后的涂板及抗菌率结果可知，以 PVA 水凝胶作为对照组，杂化水凝胶在三种光源照射下都具有一定的抗菌性能。在相同光照条件下，不同杂化水凝胶的抗菌效果依次为 β-GO-RB-PVA 水凝胶>GO-PVA 水凝胶>β-GO-PVA 水凝胶；对同一水凝胶，不同光照条件下的抗菌效果为双光>808 nm>550 nm。其中，β-GO-RB-PVA 杂化水凝胶在双光光照下表现出最优异的抗菌性能，10 min 内对金黄色葡萄球菌和大肠杆菌的抗菌率分别达到 99.3% 和 97.7%。

9.2.6.2 细菌荧光染色实验

通过荧光染色法评估杂化水凝胶在双光照射下的抗菌性能。图 9.15 分别是金黄色葡萄球菌和大肠杆菌的荧光染色结果。10 min 双光照射后，PVA 水凝胶表面几乎观察不到死亡细菌，GO-PVA 水凝胶上的死亡细菌多于 β-GO-PVA 水凝胶，而 β-GO-RB-PVA 水凝胶表面细菌几乎全部死亡，只能观察到几个活细菌。两种细菌的荧光染色结果保持一致。这表明在双光光照下 β-GO-RB-PVA 水凝胶具有优异的抗菌性能。

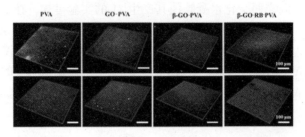

图 9. 15　双光光照 10 min 后金黄色葡萄球菌和大肠杆菌的荧光染色图像

9.2.6.3　细菌 SEM 形貌观察

通过 SEM 图像观察金黄色葡萄球菌和大肠杆菌在双光光照 10 min 后形貌的变化。由图 9. 16 所示，双光光照 10min 后，PVA 水凝胶作用的细菌仍比较完整光滑，保持正常形貌，表明 PVA 水凝胶并不影响细菌的生存能力。但杂化水凝胶对细菌表现出不同程度的损伤。其中，β-GO-RB-PVA 水凝胶作用的细菌形貌破坏最严重，收缩明显，完整性完全丧失，表明在双光光照下 β-GO-RB-PVA 水凝胶具有优异的抗菌性能。

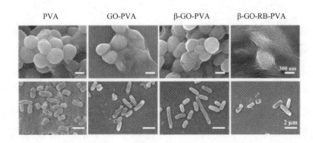

图 9. 16　双光光照 10 min 后金黄色葡萄球菌和大肠杆菌的 SEM 形貌

9.2.7 杂化水凝胶的生物相容性

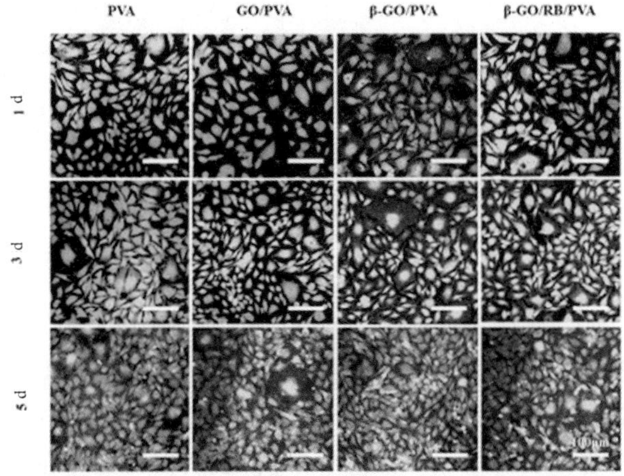

图 9.17 在不同水凝胶浸体液中培养 1、3、5d 后的细胞荧光染色

将内皮细胞在杂化水凝胶的浸体液中分别培养 1、3、5d 后，进行荧光染色实验，在激光共聚焦显微镜下观察得到图 9.17。可以看出，不同水凝胶浸体液中都没有发现死亡细胞，并且细胞数量随着培养时间的延长而增加。培养相同时间时，各种水凝胶浸体液中的细胞数量几乎没有差异。

与荧光染色实验相似，将内皮细胞分别培养 1、3、5d 后，用酶标仪检测 492 nm 处的光密度（OD）值。结果表明，与活/死荧光染色结果一致，细胞的数量随培养时间的延长而增加，这表明杂化水凝胶具有良好的生物相容性。

9.2.8 复合水凝胶的体内抗菌及伤口愈合功能

采用金黄色葡萄球菌感染小鼠伤口，研究不同水凝胶的体内抗菌性能和伤口愈合过程。伤口分别被无菌敷料、PVA 水凝胶、GO-PVA 水凝胶和 β-GO-RB-PVA 水凝胶处理，并双光光照 10 min。由 14d 小鼠伤口的愈合过程和伤口愈合面积的百分比可知，14d 时 β-GO-RB-PVA 水凝胶作用下的小鼠伤口完全愈合。

取第 2d 和第 4d 小鼠伤口的渗出物进行平板涂布实验，结果如图 9.18 所示。第 2d 四组伤口中都存在金黄色葡萄球菌，但是 β-GO-RB-PVA 水凝胶组明显少于前三组。相比于第 2d，第 4d 四组伤口处的细菌数量均减少，β-GO-RB-PVA 水凝胶组只能观察到很少的细菌，表明感染已经基本消除。

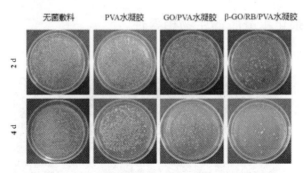

图 9.18　第 2 天和第 4 天不同伤口敷料的体内抗菌性能

　　通过 H&E 染色和 Giemsa 染色，评估第 2 天和第 14 天伤口处的炎症反应[29-32]和残余细菌数量[33]。如图 9.19 所示，第 2 天无菌敷料、PVA 水凝胶及 GO-PVA 水凝胶作用的伤口处出现大量淋巴细胞（红色矩形，黑色箭头），同时发现大量细菌（黄色矩形，红色箭头），表明伤口处存在严重的炎症和细菌感染。而 β-GO-RB-PVA 水凝胶组炎症反应明显较弱，细菌较少。14d 后，无菌伤口敷料、PVA 水凝胶及 GO-PVA 水凝胶作用的伤口仍存在炎症反应，而 β-GO-RB-PVA 水凝胶组炎症细菌数量减少且纤维细胞数量（黄色箭头）远高于其他组，这表明 β-GO-RB-PVA 杂化水凝胶具有良好的体内抗菌性能。

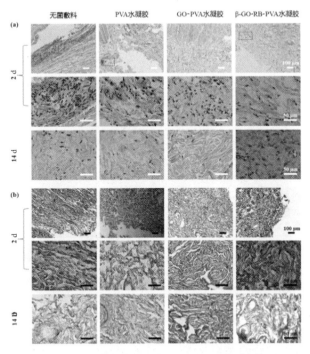

图9. 19　第2天和第14天伤口处组织学染色

　　治疗14d后小鼠主要器官（心脏、肝脏、脾脏、肺脏和肾脏）的组织学分析如图9.20。所有组均未观察到器官损伤或异常，表明杂化水凝胶具有良好的生物安全性。

　　综上所述，研究结果表明β-GO无机网络与PVA多孔结构相互贯穿提高了β-GO-RB-PVA杂化水凝胶的力学性能。在808 nm近红外光照射下，GO表现出良好的光热转换能力，引入RB后显著提高水凝胶在550 nm可见光下的催化性能。故双光照射10 min，由于热疗和ROS的协同作用，β-GO-RB-PVA杂化水凝胶在体外和体内均表现出优异的抗菌性能。此外，杂化水凝胶对器官无明显毒性，对伤口愈合有促进作用。结果表明，β-GO-RB-PVA杂化水凝胶敷料在光控抗菌、促进伤口愈合领域有广阔的应用前景。

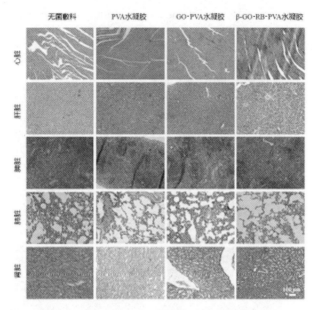

图 9.20　14d 后小鼠主要器官的组织学分析

总之，石墨烯独特的结构及优异的性能使其在医疗领域有着广阔的应用前景。除了作为抗菌材料，近年来石墨烯及其衍生物还在生物传感器[34]、荧光成像探针[35]、载药系统[36-39]及组织工程材料[40-42]、癌症治疗等生物领域受到广泛关注。随着科学技术的发展，石墨烯在医疗领域的应用必将得到进一步的拓展。

参考文献

1. Zhang X, Zhang D, Chen Y, *et al*. Electrochemical reduction of graphene oxide films：preparation，characterization and the their electrochemical properties ［J］. *Chinese Science Bulletin*，2012，57（23）：3045−3050.

2. Fan Z, Liu B, Wang J, *et al*. A novel wound dressing based on Ag/graphene polymer hydrogel：effectively kill bacteria and accelerate wound healing ［J］. *Advanced Functional Materials*，2014，24（25）：3933−3943.

3. Barinov A., Malcioglu O B, Fabris S., *et al*. Initial stages of oxidation on graphitic surfaces：photoemission study and density functional theory calculations

[J]. *The Journal of Physical Chemistry C*, 2009, 113 (21): 9009-9013.

4. Yin M., Li Z., Ju E., *et al.* Multifunctional upconverting nanoparticles for near-infrared triggered and synergistic antibacterial resistance therapy [J]. *Chemical Communications*, 2014, 50 (72): 10488-10490.

5. Yin W., Yu J., Lv F., *et al.* Functionalized nano-MoS$_2$ with peroxidase catalytic and near-infrared photothermal activities for safe and synergetic wound antibacterial applications [J]. *ACS Nano*, 2016, 10 (12): 11000-11011.

6. Hyunwoo K., Duhwan L., Jinhwan K., *et al.* Photothermally triggered cytosolic drug delivery via endosome disruption using a functionalized reduced graphene oxide [J]. *ACS Nano*, 2013, 7 (8): 6735-6746.

7. Yang K., Zhang S., Zhang G., *et al.* Graphene in mice: ultrahigh in vivo tumor uptake and efficient photothermal therapy [J]. *Nano Letters*, 2010, 10 (9): 3318-3323.

8. Yang K., Feng L., Shi X., *et al.* Nano-graphene in biomedicine: theranostic applications [J]. *Chemical Society Reviews*, 2013, 42 (2): 530-547.

9. Fan L., Yi J., Tong J., *et al.* Preparation and characterization of oxidized konjac glucomannan/carboxymethyl chitosan/graphene oxide hydrogel [J]. *International Journal of Biological Macromolecules*, 2016, 91: 358-367.

10. Zhang W., Li G., Wang W., *et al.* Enhanced photocatalytic mechanism of Ag$_3$PO$_4$ nano-sheets using MS$_2$ (M=Mo, W) /RGO hybrids as cocatalysts for 4-nitrophenol degradation in water [J]. *Applied Catalysis B-Environmental*, 2018, 232: 11-18.

11. Fan L., Yi J., Tong J., *et al.* Preparation and characterization ofoxidized konjac glucomannan/carboxymethyl chitosan/graphene oxide hydrogel [J]. *International Journal of Biological Macromolecules*, 2016, 9: 358-367.

12. Zhang L., Wang Z., Xu C., *et al.* High strength graphene oxide/polyvinyl alcohol composite hydrogels [J]. *Journal of Materials Chemistry*, 2011, 21 (28): 10399-10406.

13. Zhu C., Zhang L., Jiang B., *et al.* Fabrication of z-scheme Ag$_3$PO$_4$/MoS$_2$ composites with enhanced photocatalytic activity and stability for organic pollutant degradation [J]. *Applied Surface Science*, 2016, 377: 99-108.

14. Wang H., Joshua Tucker R., Li X., *et al.* Solvothermal reduction of chemically exfoliated graphene sheets [J]. *Journal of the American Chemical Society*, 2009, 131 (29): 9910.

15. Cornwell M. J., Huff J. B., Bieniarz C.. A one – step synthesis of cyclodextrin monoaldehydes ［J］. *Tetrahedron Letters*, 1995, 36 (46): 8371 –8374.

16. Liu S., Cai J., Ren L., *et al*. β–cyclodextrin polyrotaxane monoaldehyde: a novel bio–crosslinker with high biocompatibility ［J］. *RSC Advances*, 2014, 4 (36): 18608–18611.

17. Shrestha A., Hamblin M. R., Kishen A. Photoactivated rose bengal functionalized chitosan nanoparticles produce antibacterial/biofilm activity and stabilize dentin–collagen ［J］. *Nanomedicine: Nanotechnology*, 2014, 10 (3): 491–501.

18. Kishen A., Shi Z., Shrestha A., *et al*. An investigation on the antibacterial and antibiofilm efficacy of cationic nanoparticulates for root canal disinfection ［J］. *Journal of endodontics*, 2008, 34 (12): 1515–1520.

19. Xu Y., Hong W., Bai H., *et al*. Strong and ductile poly (vinyl alcohol) / graphene oxide composite films with a layered structure ［J］. *Carbon*, 2009, 47 (15): 3538–3543.

20. Cai W., Piner R. D., Stadermann F. J., *et al*. Synthesis and solid–state NMR structural characterization of 13C – labeled graphite oxide ［J］. *Science*, 2008, 321 (5897): 1815–1817.

21. Fasciani C., Silvero M. J., Anghel M. A., *et al*. Aspartame–stabilized gold – silver bimetallic biocompatible nanostructures with plasmonic photothermal properties, antibacterial activity, and long – term stability ［J］. *Journal of the American Chemical Society*, 2014, 136 (50): 17394–17397.

22. Perreault F., De Faria A. F., Nejati S., *et al*. Antimicrobial properties of graphene oxide nanosheets: why size matters ［J］. *ACS Nano*, 2015, 9 (7): 7226 –7236.

23. Pompella A., Visvikis A., Paolicchi A., *et al*. The changing faces of glutathione, a cellular protagonist ［J］. *Biochemical Pharmacology*, 2003, 66 (8): 1499–1503.

24. Yu X., Wang S., Zhang X., *et al*. Heterostructured nanorod array with piezophototronic and plasmonic effect for photodynamic bacteria killing and wound healing ［J］. *Nano Energy*, 2018, 46: 29–38.

25. Yang X., Li J., Liang T., *et al*. Antibacterial activity of two–dimensional MoS$_2$ sheets ［J］. *Nanoscale*, 2014, 6 (17): 10126–10133.

26. Nguyen E. P., Carey B. J., Daeneke T., *et al*. Investigation of two-solvent grinding-assisted liquid phase exfoliation of layered MoS$_2$ ［J］. *Chemistry of Materials*, 2015, 27 (1): 53-59.

27. Yang Y., Liu T., Cheng L., *et al*. MoS$_2$-based nanoprobes for detection of silver ions in aqueous solutions and bacteria ［J］. *ACS Applied Materials & Interfaces*, 2015, 7 (14): 7526-7533.

28. Zhang X., Zhang G., Zhang H., *et al*. A bifunctional hydrogel incorporated with CuS-MoS$_2$ microspheres for disinfection and improved wound healing ［J］. *Chemical Engineering Journal*, 2020, 382: 122849.

29. Dopico X. C., Evangelou M., Ferreira R. C., *et al*. Widespread seasonal gene expression reveals annual differences in human immunity and physiology ［J］. *Nature Communications*, 2015, 6: 7000.

30. Tyrkalska S. D., Candel S., Angosto D., *et al*. Neutrophils mediate salmonella typhimurium clearance through the GBP4 inflammasome-dependent production of prostaglandins ［J］. *Nature Communications*, 2016, 7: 12077.

31. Parodi A., Quattrocchi N., Van d V. A. L., *et al*. Synthetic nanoparticles functionalized with biomimetic leukocyte membranes possess cell-like functions ［J］. *Nature Nanotechnology*, 2012, 8 (1): 61-68.

32. Huang Y., Huang H. H., Effects of clinical dental implant abutment materials and their surface characteristics on initial bacterial adhesion ［J］. *Rare Metals*, 2019, 38 (6): 512-519.

33. Li M., Liu X., Tan L., *et al*. Noninvasive rapid bacteria-killing and acceleration of wound healing through photothermal/photodynamic/copper ion synergistic action of a hybrid hydrogel ［J］. *Biomaterials Science*, 2018, 6 (8): 2110-2121.

34. He S., Song B., Li D., *et al*. A graphene nanoprobe for rapid, sensitive, and multicolor fluorescent DNA analysis ［J］. *Advanced FunctionalMaterials*, 2010, 20 (3): 453-459.

35. Peng C., Hu W., Zhou Y., *et al*. Intracellular imaging with a graphene-based fluorescent probe ［J］. *Small*, 6 (15): 1686-1692.

36. Zhou T., Zhou X., Xing D., Controlled release of doxorubicin from graphene oxide based charge-reversal nanocarrier ［J］. *Biomaterials*, 2014, 35 (13): 4185-4194.

37. Zhang L., Xia J., Zhao Q., *et al*. Functional graphene oxide as a

nanocarrier for controlled loading and targeted delivery of mixed anticancer drugs [J]．*Small*, 2010, 6（4）: 537-544.

38. Bao H., Pan Y., Ping Y., *et al.* Chitosan-functionalized graphene oxide as a nanocarrier for drug and gene delivery [J]．*Small*, 2011, 7（11）: 1569-1578.

39. Zhang L., Lu Z., Zhao Q., *et al.* Enhanced chemotherapy efficacy by sequential delivery of siRNA and anticancer drugs using PEI-grafted graphene oxide [J]．*Small*, 2011, 7（4）: 460-464.

40. La W., Park S., Yoon H. H., *et al.* Delivery of a therapeutic protein for bone regeneration from a substrate coated with graphene oxide [J]．*Small*, 2013, 9（23）: 4051-4060.

41. Kalbacova M., Broz A., Kong J., *et al.* Graphene substrates promote adherence of human osteoblasts and mesenchymal stromal cells [J]．*Carbon*, 2009, 48（15）: 4323-4329.

42. Crowder S. W., Prasai D., Rath R., *et al.* Three-dimensional graphene foams promote osteogenic differentiation of human mesenchymal stem cells [J]．*Nanoscale*, 2013, 5（10）: 4171-4176.

第十章　石墨烯材料在农业领域的应用研究进展

石墨烯因在比表面积、导电性、导热性、柔韧性、透明度及机械强度等方面具备突出的优势，在农作物健康生长与肥料增效、产品抑菌保鲜与品质提升、营养成分分离与提纯、农残检测与食品安全及环境污染分析与治理方面发挥着重要作用。

10.1　石墨烯对农业种养与生产的影响

10.1.1　石墨烯氧化物对作物生长的影响

（1）正面作用

由于石墨烯表面呈憎水性，故常将氧化石墨烯施用于农田作物，氧化石墨烯具有良好的亲水性和水运输特性，可提高作物的发芽和生长速率，微小剂量的氧化石墨烯释放于土壤能增强作物保护酶的活性。片状氧化石墨烯拥有大的比表面积，其强的吸附能力可降低某些重金属离子对作物毒害作用，从根源上保障农作物产品使用的生物安全性。[7-9]

（2）负面作用

氧化石墨烯对作物的负面作用主要源自氧化石墨烯微粒在作物中的累积效应，产生的氧化胁迫一方面使作物根系生长受抑制，营养蛋白含量降低，另一方面可能导致 DNA 断裂，产生遗传水平的影响。[10]

氧化石墨烯的表面效应凸显在对根部细胞的损伤和破坏，从而降低其可溶性蛋白含量。蛋白质是作物生长的关键营养物质，在代谢调节环节起着重要作用，也是作物生理生化特性的一大重要指标。[11]作物幼苗在较高浓度的氧化石墨烯中，观察到其根部微管蛋白质浓度明显受到抑制。

粒径微小的氧化石墨烯会溶解于水体并随之进入作物细胞内，不适量时会破坏细胞结构、诱导细胞产生过氧化损伤，过氧化会产生胁迫效应。特定作物用一定氧化石墨烯进行试验时表现出剂量效应，中浓度氧化石墨烯使作物的保护酶活性达到最佳，高浓度氧化石墨烯使作物活性降低。并且高浓度的氧化石墨烯会使作物根系生长受到显著抑制，作物的根系是营养吸收和转化场所，直接影响着作物的产品质量和产量水平。[12]

10.1.2　石墨烯传感器监控作物生长、农产品品质分析

传感器是重要的现代前沿科学信息技术，在各行业应用广泛，是国内外相关领域最具发展潜力的高新技术产业，目前传感器正由传统型向微型、智能型及联动型发展。石墨烯具有大的比表面积、超高的导电性，展开的二维结构对接触的环境介质异常敏感，制作成多种传感器响应速度快、灵敏度高。[13-21]

（1）石墨烯气体传感器

二维的石墨烯显示出极佳的表面积体积比，对于单层的石墨烯其所有原子皆可视为表面原子，在反应过程中都能成为反应物的目标靶向物，反应物与石墨烯之间的作用会以石墨烯结构和电导的变化表现出来。石墨烯噪声极低，在微量电子运行状态下也能感应载流子浓度的显著变化，而且石墨烯晶体超高电导减弱了传感器通路电阻对灵敏度的影响，可准确感应到单电子运动状态，所以石墨烯气体传感器可以非常灵敏地探测到单个分子的存在或消失，达到单分子水平探测极限。

农产品采摘期或存储时段可通过石墨烯传感器检测果实发出的乙烯气体让果农实时知晓各个区域的果实成熟度，及时采取措施保障果实新鲜度。农副产品发酵阶段也可使用石墨烯传感器检测挥发的有机酸/醇气体分子来判断发酵程度及发酵物组分，以便制作出更好的发酵产品。

（2）石墨烯液体传感器

智能传感器是智慧农业农田系统的重要组成部分，主要功能是检测及监控工艺参数。石墨烯传感器能灵敏地感知周围环境并将系统参数通过计算机转化为可识别的电信号，可满足智慧农田管理系统的职能需求。石墨烯传感器可采集农田每个区域的空气、土壤及周遭环境的湿度（温度）参数，以判定作物是否缺水，在传感器自动检测并预警作物缺水时，管理系统会自动开启农田灌溉模式，以保证作物良性生长，可以说石墨烯传感器在智慧农业转型升级的道路上开辟了新路径。

科学家研制出的石墨烯氧化物小型"植物纹身传感器"在接触作物蒸腾作用散发的水蒸气时会发生明显反应，通过将"纹身传感器"黏附在玉米植

株叶片上来收集植物生长信息，并为农业工作者计算出水在根部与叶片间输送的时长，为精确作物灌溉水量提供实用的依据。经塑膜成型技术改进的胶带制作的微型石墨烯"植物纹身传感器"只有五百万分之一米，有望在检测作物疾病、农药化学渗透等方面开展应用。

（3）石墨烯电化学传感器

电化学传感器工作原理是将化学反应转变为电信号的过程，电子传导性质与石墨烯反应活性正相关。不同类石墨烯活性不同，少数层石墨烯比多层石墨烯活性高，石墨烯带有缺陷的边沿地带六元环紧密相连的中心区活性高。相对来说，石墨烯活性越高，电信号越强，灵敏度越好。运用石墨烯制作传感器，在柔韧性和导电性方面优于其他传感器。

石墨烯电化学传感器可用于农产品营养成分分析，并作出特定功效评价。新型维生素C石墨烯传感器利用还原性维生素C在被氧化反应过程中电子转移产生的电信号测定果蔬中维生素C组分及其含量，可作为选择食用或加工的营养价值参考。石墨烯电化学传感器可用于有机磷农药残留检测，相比其他农残检测方法，基于石墨烯固相提取和溶出伏安法的无酶电化学传感器可满足快速高效灵敏检测有机磷农药的要求，克服了"色谱技术样品前处理复杂且不能在线检测"的缺陷、"光谱技术灵敏度低"的缺陷及"免疫分析法和酶抑制法抗原抗体和酶固定技术不高且酶易失活"的缺陷，因此，以快速简便、在线、高灵敏度、无酶的方式检测农残的石墨烯电化学传感器具有潜在的开发前景。[15-17]

（4）石墨烯基生物传感器

生物传感器具有灵敏度高、选择性好、检出限低等优势，能响应多通道及平台，抗干扰性强，最近发展起来的基底材料成本低、来源广（纸、塑料），使生物传感器的应用越来越频繁和普遍。石墨烯传感器是一种新兴的纳米传感器，石墨烯生物传感器根据结合的平台可分为石墨烯电生物传感器和石墨烯光生物传感器。生物传感器常用的石墨烯家族材料包括单层石墨烯、多层石墨烯、石墨烯量子点、氧化石墨烯及还原氧化石墨烯。[18-21]

石墨烯电生物传感器通过石墨烯电化学传感器平台与目标生物分子之间建立联系以获得可识别的信号。高碳氧比的石墨烯衍生物可与生物分子结合得更强，且石墨烯衍生物的氧含量、缺陷浓度、边沿结构及纯度都直接影响自身的非均相电子转移，结构缺陷浓度与非均相电子转移呈正相关，表面含氧量官能团数量与非均相电子转移呈负相关。因此，具有大的表面积和丰富的结构缺陷能使石墨烯衍生物电化学传感器具备更高的性能。氧化石墨烯在还原过程中大部分含氧基团被还原，同时出现更多的结构缺陷，还原的氧化石墨烯电生物传感器可用于 DNA 分析、动植物蛋白检测及病变细胞的生物标记物识别。[18]

石墨烯光生物传感器是利用半金属属性的石墨烯基材料通过光致发光性能产生的荧光与 DNA 结合时猝灭或恢复的过程检测目标分子。氧化石墨烯及石墨烯量子点是光学生物传感器常用的石墨烯衍生物，氧化石墨烯具有光致发光性能及猝灭能力，利用其二维网状构型创制的微陈列平台可检测模型病原体大肠杆菌。比如氧化石墨烯可用于快速检测郫县豆瓣中黄曲霉毒素的含量，适用于复杂样品基质中简单、快速、灵敏地检测黄曲霉毒素，避免在发酵过程监控不够严格和标准化的情况下产品被黄曲霉污染而引起的食物中毒。[19]

石墨烯量子点磁性硅球聚吡咯光子生物传感器适用于杀虫剂类小分子的检测，新颖的石墨烯量子点传感器平台可高效地检测小分子目标，在复杂成分介质中抗干扰性也不受影响，在农副产品品质鉴定方面具有潜在应用价值。[20-21]

10.1.3 石墨烯电热膜在种植业及养殖业上的应用

石墨烯电热膜采用在普通发热碳浆料中添加一定量石墨烯的方式极大地提升热转换效率与远红外效果，膜通电过程中碳分子碰撞产生的热能通过控制 $10\mu m$ 左右的远红外线以二维平面的方式均匀地辐射出稳定、安全的"生命光线"，目前石墨烯电热膜神奇的取暖科技领先于市场其他电热膜。

第一代石墨烯电热膜的防水性不佳，常因漏电导致安全事故；弯折度小，可操作性差，使用时间短、持有成本高。随着石墨烯及其复合材料技术的发展，第二代石墨烯电热膜膜厚减小，热转化率提升、防水防漏电性能提高，可安全应用于农业蔬菜大棚、土壤保温、农林育苗、雏鸡孵化及特种水产养殖业等方面。

农业工程上传统的温室大棚是设施农业使用最广的反季生产方式，达到提高土地产品出产量的目的。但温室大棚使用煤锅炉方式采暖会污染环境，使用天然气或电供暖成本高，且常因保温不理想使作物出现烂根沤根及生病虫害现象。石墨烯优良的导热性，在采暖方式上的更新使石墨烯电热膜系统可节约能源最高达到五成，取暖温度细微可调，且绿色无污染，安装在围栏或覆盖在土面的石墨烯电热膜发射的远红外线直接使作物提温，加速作物发芽生长，增强病虫害防控能力，使农作物增产增收。在畜禽与水产的育苗、生长及生产期，可采用石墨烯电热膜安全的远红外线快速升温、灵敏调温系统促进并保障畜禽水产物种的健康发育成长。

10.1.4 纳米石墨烯对肥料（农药）的增效作用

石墨烯基材料在提高传统肥效、改善土壤结构、提升农作物品质、抗病抗

逆性方面表现出潜在应用优势。[22-25]

（1）石墨烯作增效剂提升肥料增效活性

实验表明，高生物活性的石墨烯自身是一种肥料增效剂，添加比例达千分之几时，就显现出良好的肥料增效活性，能减少肥料用量，节约种植成本。

（2）石墨烯氧化物作载体提高活性物溶解性

功能化的石墨烯，由 sp^2 杂化碳原子组成的六元环紧密相连的中心区域趋向于疏水性，而活性高的边沿地带可在功能化过程中轻易接入有氧官能团，亲水性大幅度提高。作为活性物载体时，石墨烯超大比表面积可通过共轭双键堆垛作用吸附疏水性活性物形成可溶性石墨烯活性物纳米制剂，不但目标活性物的溶解性提高，活性物负载率也高达百分之百。基于固体肥及液态肥基本都是以水为溶剂形成液体肥，常用功能石墨烯氧化物作为高活性物的载体。氧化石墨烯表面丰富的含氧基团使其具备良好的水溶性，通过表面共轭相互作用吸附疏水性高活性物的水溶性亦极大地提高，有利于石墨烯活性物纳米制剂进一步混溶于液态肥料（农药）中。

（3）石墨烯氧化物增强高活性物光稳定性

由于高活性物对光的敏感度较高，在紫外线照射下稳定性较差，而石墨烯氧化物具有吸收紫外线的能力，能保护负载的活性物分子不被高能量紫外线分解和破坏，增强高活性物抗光解能力，保障其活性不衰减。

（4）石墨烯氧化物延长纳米制剂缓释效果

石墨烯氧化物负载的高活性物可通过调节液体肥的 pH 值加快释放速率，偏酸性或偏碱性环境都会加速高活性物的释放，特定情形下可达到集中短时施肥的目的，却会因为氮肥消耗过载造成氮素累积，给农产品使用带来安全风险。

田间模拟试验结果表明，相比原液肥，加入氧化石墨烯高活性物纳米制剂的液体肥料的肥效更持久，肥料有效期超出一周以上，其缓释机理为：几十纳米以下的单层氧化石墨烯利用共轭相互作用对高活性物具有最好的吸附效果，吸附模型为朗格缪尔单层吸附，较强的吸附作用力使高活性物从石墨烯氧化物表面脱附的时间较长，达到肥料养分缓慢释放的效果。通过氧化石墨烯高活性物纳米制剂的缓释作用，可控制液体肥中各组分的释放速率及持效时限，促使肥料养分被作物充分利用和吸收，保障农产品使用的生物安全性。

（5）石墨烯氧化物作营养素载体提升肥效

石墨烯氧化物具有高比表面积、高强度和高适应性，可将作物必需的微量元素加载至表面形成有效营养素缓释肥，实验证明可在石墨烯氧化物表面载入微量营养素锌和铜，此方法是向作物输送微量元素的有效途径，可针对性地运用石墨烯氧化物与不同营养素结合，满足作物生长需求并生产出特定功效农产品。[23]

10.1.5　石墨烯基材料用作产品抗菌保鲜剂

传统的抗菌材料不但有污染环境的风险，持久使用还会引起微生物的抗性。纳米抗菌材料抗菌杀菌功能更广更好，并具备缓释性，抗菌效果更持久，微生物不易产生抗性，是替代传统抗菌材料的最佳选择。

纳米石墨烯大的疏水性表面及六元环相联的蜂窝状单层平面，使石墨烯及其衍生物（石墨烯高分子复合物、氧化石墨烯、氧化石墨烯复合物、石墨烯量子点）具有良好的抗菌性和生物相容性，可用作农副产品抗菌保鲜剂，延长其货架期。[26-28]

（1）石墨烯抗菌保鲜剂

石墨烯"纳米刀"通过刺入并切割细胞膜的直接方式，或通过抽取细胞膜上大量磷脂分子的间接方式破坏细胞膜来抑菌杀菌。石墨烯表面碳氧比程度不同抗菌能力不同，表面含氧量越高，抗菌能力越强。石墨烯层数越少，缺陷越多，抗菌能力越强。[26]

（2）纳米石墨烯高分子复合物抑菌性质

石墨烯表面呈电负性，利用共轭键堆垛作用连接上电正性的高分子形成石墨烯高分子复合物。柔韧的石墨烯高分子复合物在与细菌表面紧密接触时，高分子表面正电荷与细菌表面负电荷发现相互作用，破坏细菌细胞壁使其无法生长，达到抑菌效果。石墨烯壳聚糖抗菌薄膜对猪肉菌落活性的抑制效果随石墨烯含量增加而增强，显著地抑制细菌生长，减少了猪肉储藏期间细菌总数，延缓了猪肉的氧化作用，常温下冷鲜猪肉货架寿命可延长三天。[27]

（3）氧化石墨烯及其复合物杀菌性质

氧化石墨烯表面含有大量的羟基、羧基、羰基等含氧基团，首先可利用静电相互作用吸附于细菌细胞，借其锋锐的"边沿尖刀"杀灭细胞；其次能通过扰乱细胞组织结构而使其灭亡；最后可利用与细菌细胞壁内的碳氢化合物的氢键作用连接在细胞周围，将细胞隔绝在营养环境之外直至细胞失活，均能起到杀菌作用。氧化石墨烯电负性的表面可与带烷基长链的正电试剂产生静电吸引形成氧化石墨烯复合物，其抗菌原理与石墨烯高分子复合物类似。

氧化石墨烯作为抗菌剂的实验结果显示：氧化石墨烯纳米悬浮液通过与大肠杆菌孵育可破坏九成以上的细胞，且对哺乳动物细胞的不良反应很小，证明氧化石墨烯是一种对人体具有生物安全性的抗菌材料，可用作农副产品的抗菌保鲜剂或其包装材料的抗菌组分。

10.2　石墨烯萃取技术用于农副产品有效成分提纯及农残检测

石墨烯具备大的比表面积、超高的电导率，优良的光和热稳定性，表面显惰性但易于加工和修饰，这些特性使得石墨烯基材料相关的萃取技术（固相萃取、固相微萃取、磁性固相萃取、分散固相萃取）及电化学传感技术在农产品有效成分分离提纯及农药残留物检测方面有着广泛应用。[29-37]

农副产品营养组分提纯分为分离和纯化两个步骤，萃取技术提纯工艺流程包括营养组分的吸附和脱附，营养组分的提纯效果取决于吸附剂对组分的吸附效率和组分从吸附剂上洗脱的效果，因此，吸附剂的选择尤为重要。[29-30]农产品及食品的有毒成分检测也涉及样品前处理，运用萃取技术或电化学传感技术可分离出微量甚至痕量有毒物，在联用其他检测器后可作组分鉴定。[31-37]

（1）石墨烯固相萃取技术

固相萃取（固–液萃取）相比液–液萃取，减少了有机溶剂损耗量，固液相分离更简单，是快速高效的样品处理技术。固相萃取的吸附效率决定于吸附剂的选择，首先，吸附剂的比表面积越大，吸附效果越好；其次，吸附剂与溶液界面有着良好的接触性但在溶剂中的溶解性适中，便于固液分离，且对分析物的吸附强度适中，保证分析物后期能从吸附剂快速高效地洗脱；再次，吸附剂的表面性质也是影响吸附效率的重要参数，固相萃取剂常用表面稍疏水性的碳纳米管、石墨烯及竹炭等碳族材料，其中石墨烯比表面积大，其二维共轭平面结构可利用 π–π 堆垛作用高分子进行聚合组装。利用石墨烯与甲基丙烯酸甲酯共聚反应获得石墨烯聚合物固相萃取剂可用于茶叶酚类雌激素功效成分的分离与纯化。[29]

（2）石墨烯分散固相萃取技术

分散固相萃取方法是利用吸附剂将溶液中的杂质吸附去除，以净化待测的目标分子，直接获得目标产物或进入下一步处理程序。石墨烯分散固相萃取技术在农副产品有效成分提纯方面的应用较简单，例如，果蔬汁里的色素可利用石墨烯吸附剂脱色，剩下无色营养果汁能制作无色透明的果冻产品。绿茶中氨基甲酸酯类农药残留物的测定可运用改进的石墨烯分散固相萃取技术进行样品前处理，石墨烯作为吸附剂祛除茶溶液杂质后，联用色谱–质谱仪检测出 15 种氨基甲酸酯类农药，定量限可达 0.01mg/kg。

（3）磁性石墨烯固相萃取技术

磁性固相萃取是在吸附剂吸附溶液目标分子后，利用吸附剂的磁性作用将吸附剂分离出来，减少了固液离心分离的步骤。通过磁性调控吸附剂粒子的迁移速率可洗掉表面的杂质及在溶剂中较好地洗脱。利用磁性石墨烯作为固相萃取吸附剂，对如蓝莓饮料中花青素和黄酮类化合物进行分离和纯化，可简单高效地实现蓝莓饮料中活性成分的分离富集，结合色谱-质谱检测仪鉴定出 19 种花青素化合物及 7 种黄酮类化合物。[30]磁性石墨烯固相萃取-分散液-液萃取法可用于水及绿茶中除草剂酰胺类化合物的分离和富集，结合色谱分析可鉴定酰胺类化合物的数目。环糊精功能化磁性石墨烯可选择性萃取西红柿中残留的植物激素。[32]磁性还原氧化石墨烯作为汞形态的高效吸附剂对大米中的汞进行了富集，并联用色谱-耦合子-质谱检测技术开发了汞的形态的富集和检测新方法。[33]而兼具磁性和分散作用的磁性氧化石墨烯分散固相萃取剂可用于测定食品和土壤中无机成分亚硝酸盐，为食品安全性和施肥标准的评估提供数据参考。[34]

（4）石墨烯固相微萃取技术

固相微萃取技术保留了固相萃取技术的基础优势，且无须柱填充物及使用溶剂进行洗脱，只须连接类似进样器的固相微萃取装置即可实现样品前处理和进样。固相微萃取技术运用"相似相溶"原理对有机物进行分离和富集并利用色谱仪解析和鉴定，可广泛用于蔬菜残余有机磷农药检测，食品香精香料成分鉴定，酒、醋及水果有机挥发物分析及茶叶芥末风味检测。

10.3　石墨烯在农业环境污染治理方面的应用

10.3.1　石墨烯基材料吸附光催化技术

（1）功能化石墨烯基吸附剂去除污染物

石墨烯具有大的比表面积，但较低的水分散性降低了与其水体污染物分子接触的概率，无法获得好的吸附效果。将石墨烯氧化使表面嫁接上含氧官能团，可提高石墨烯的水溶性，同时含氧基团可与污染物分子形成氢键，促进化学吸附反应。[38-42]具有孤电子对的氮、磷掺杂石墨烯，能增加石墨烯的电子云密度，增强与水分子及污染物的作用，提升石墨烯的水溶性及吸附性。[38]功能化石墨烯或氧化石墨烯与水分子作用力较强，吸附反应完成后很难从水体分离出来，可与磁性铁化合物复合形成磁性石墨烯基复合材料，克服单纯的石墨烯基材料在水体分离方面的难题。[43]实验发现经化学共沉淀过程获得的氮掺杂磁性石墨烯可吸附环境污水中氯苯类、酚类及胺类化合物，吸附速率快（20s完全吸附5mL污水中200mg/L化合物），吸附量大（200mg/g），除了朗格缪尔式均匀单层吸附，可能存在不均匀的多分子层吸附，证明污染物与石墨烯吸附剂之间除了分子间范德华力，还有很强的化学键作用力，即物理吸附与化学吸附反应同时发生。[38]

（2）石墨烯基材料光催化剂降解污染物

石墨烯sp^2杂化二维单原子层结构平面具有大的比表面积、优异的导电性，电子带隙几乎为零，单纯的石墨烯载流子传输速率太快使得光量子效率偏低，不利于污染物光催化反应，且表面疏水性使其很难分散于溶剂中，阻碍了与污染物的接触。运用氧化、掺杂、复合等方式对石墨烯进行可控功能化操作，可改善石墨烯成型加工性及其在光催化反应中的化学活性。石墨烯氧化后表面含氧基团可提高石墨烯的溶剂分散性；石墨烯掺杂金属或非金属可增强光催化反应中光生载流子的分离；石墨烯与金属化合物或高分子交联反应形成的石墨烯复合物或聚合物引入了新的官能团，为污染物光催化分解途径与机制提供了新的可能性。[43-45]

10.3.2　石墨烯固相（微）萃取技术分析处理污染物

农药及化肥的不合理使用给水体环境带来了严重的影响。水体污染物主要是含氯、苯的有机化合物、含氮无机化合物和镉、铅等重金属离子及汞的无机或有机化合物。[34,46]石墨烯通过碳原子sp^2杂化形成的单原子层厚的薄面具有高柔韧性、高比表面积（2630m²/g）及优异的载流子迁移速率（20000cm²/（V·S）），使其二维共轭平面结构可利用π-π堆垛作用对有机污染物进行化学固定，对无机物进行物理吸附。固相萃取柱中的石墨烯基材料除具备吸附性能外，还可修饰成具有光催化性能的光催化剂，例如，还原的氧化石墨烯既有良好的吸附性能又具备一定的光催化性能，可有效分离污染物并将污染物分解为小分子，显著降低环境污染风险。

农药残留和过度施肥使农业种植的土壤营养结构和微环境遭到一定程度的破坏，固态土壤含有有机氯、硝基化合物等污染物，污泥沉积物混有有机物、重金属等污染物，可利用石墨烯固相微萃取技术分析处理农业固态土壤及淤泥中的污染物，固相微萃取柱子的石墨烯基材料能同时吸附污染物和光催化分解污染物，联用色谱仪即可检测污染物光催化降解的小分子的组分并判定其环境污染性。[34]

10.4　总结与展望

石墨烯是由 sp² 杂化碳原子组成的正六角形连接而成的蜂窝状二维单层纳米片，大 π 键共轭平面具有完美的晶格排列，为载流子的运行提供了畅通无阻的传输通道，是光电学材料及器件的优良选择。石墨烯网状结构可通过 π-π 共轭效应和介质发生相互作用，但其惰性的表面与溶剂的界面接触性较差，无法充分发挥石墨烯的优势作用。通过优化合成方法，表面修饰改性及结构缺陷调控等功能化手段提升石墨烯在溶剂中的分散性及反应活性，使石墨烯在促进农作物生长与生产，化肥农药增效，农副产品抗菌保鲜，农产品功效成份提炼与农残检测及环污治理等方面凸显出重要作用及潜在应用价值。

参考文献

1. Ling-Li Xie, Fan Chen, Xi-Ling Zou, et al. Graphene oxide and ABA cotreatment regulates root growth of Brassica napus L. by regulating IAA/ABA. *Journal of Plant Physiology*, 2019, 240, 153007-153016.

2. Lingli Xie, Fan Chen, Hewei Du, et al. Graphene oxide and indole-3-acetic acid cotreatment regulates the root growth of Brassica napus L. via multiple phytohormone pathways. *BMC Plant Biology* 2020, 20, 101-113.

3. Yi Hao, Peihong Fang, Chuanxin Ma, et al. Engineered nanomaterials inhibit Podosphaera pannosa infection on rose leaves by regulating phytohormones. *Environmental Research*, 2019, 170, 1-6.

4. 毛健越，赵树兰，多立安. GO 对高羊茅根系生长和生理特性的影响. 天津农业科学·植物生理与生物技术，2020, 26 (2)：17-21.

5. Jie Li, Fan Wu, Qing Fang, et al. The mutual effects of graphene oxide nanosheets and cadmium on the growth, cadmium uptake and accumulation in rice. *Plant Physiology and Biochemistry*, 2020, 147, 289-294.

6. Yufeng Liu, Chengfei Yuan, Yong Cheng, et al. Graphene Oxide Affects

Growth and Resistance to Sclerotinia sclerotiorum in Brassica napus L. *Nanosci. Nanotechnol.* , 2018, 18, 8345−8351.

7. 缪杏菊. 基于石墨烯的农残检测无酶电化学传感器的研制［D］. 武汉：华中师大，2012.

8. 王瑞鑫. 电化学免疫传感器在食品安全检测中的应用研究［D］. 河北：河北科技大学，2016.

9. Pegah Hashemi, Nashmil Karimian, Hosein Khoshsafar, Fabiana Arduini, Mehdi Mesri, Abbas Afkhami, Hasan Bagheri. Reduced graphene oxide decorated on Cu/CuO-Ag nanocomposite as a high performance material for the construction of a non − enzymatic sensor：Application to the determination of carbaryl and fenamiphos pesticides. *Materials Science & Engineering C*, 2019, 102, 764−772.

10. Mengmeng Song, Lantu Dang, Juan Long, and Chengguo Hu. Laser−Cut Polymer Tape Templates for Scalable Filtration Fabrication of User−Designed and Carbon−Nanomaterial−Based Electrochemical Sensors. *ACS Sens.* , 2018, 3, 2518−2525.

11. 徐枫. 石墨烯纳米材料在食品安全与品质快速分析中的应用［D］. 浙江：杭州电子科技大学，2019.

12. Dan Yuan, Jilie Kong, Xueen Fang, et al. A graphene oxide-based paper chip integrated with the hybridization chain reaction for peanut and soybean allergen gene detection. *Talanta*, 2019, 196, 64−70.

13. Hua Ye, Qianqian Lu, Nuo Duan, Zhouping Wang. GO − amplified fluorescence polarization assay for high−sensitivity detection of aflatoxin B1 with low dosage aptamer probe. *Analytical and Bioanalytical Chemistry*, 2019, 411, 1107−1115.

14. Lijun Luo, Xiaohong Liu, Shuai Ma, et al. Quantification of zearalenone in mildewing cereal crops using an innovative photoelectrochemical aptamer sensing strategy based on ZnO−NGQDs composites. *Food Chemistry*, 2020, 322, 126778−126786.

15. J. Jiménez − López, E. J. Llorent − Martínez, P. Ortega − Barrales, A. Graphene quantum dots−silver nanoparticles as a novel sensitive and selective luminescence probe for the detection of glyphosate in food samples. Ruiz − Medina. *Talanta*, 2020, 207, 120344−120350.

16. Wang, X., Xie, H., Wang, Z., et al. Graphene oxide as a multifunctional synergist of insecticides against lepidopteran insect. *Environmental*

Science：*Nano*，2019，6（1）：75－84.

17. Kabiri, S., Degryse, F., Tran, D. N. H., et al. Graphene Oxide：A New Carrier for Slow Release of Plant Micronutrients. *ACS Applied Materials & Interfaces*, 2017, 9 (49), 43325－43335.

18. Chen B, Liu M, Zhang L, Huang J, Polyethylenimine－Functionalized Graphene Oxide as an Efficient Gene Delivery Vector, J. Mater. Chem. 2011, 21, 7736－7741.

19. Shen H, Liu M, He H, Zhang L, Huang J, Chong Y, Dai Y, Zhang Z, PEGylated Graphene Oxide－Mediated Protein Delivery for Cell Function Regulation, ACS Appl Mater Interface, 2012, 4, 6317－6322.

20. 张健，刘园园，周偶，张晓谦，冯维春，武玉民. "石墨烯/壳聚糖抗菌膜的制备及其保鲜性能评价"，工程科技.

21. 田腾飞. 基于石墨烯的多功能抗菌剂应用及抗菌机制研究［D］. 江苏：苏州大学.

22. 肖树峰. 利用氧化石墨烯纳米材料提高蜂毒肽抗菌效率的研究［D］. 江苏：苏州大学，2019.

23. 石墨烯与甲基丙烯酸甲酯共聚物的合成及其对酚类雌激素固相萃取的应用［D］. 福建：福建医科大学，2017.

24. 薛莹，徐先顺，雍莉，王明明，谢静. 磁性石墨烯固相萃取－UPLC－MS法分析蓝莓饮料成份［J］. 食品工业，2018，12。

25. 白沙沙，李芷，臧晓欢，王春. 磁性石墨烯固相萃取－分散液微萃取－气相色谱法测定水和绿茶中酰胺类除草剂残留［J］. 分析化学，2013，08.

26. Shurui Cao, Jiuyan Chen, Guoyin Lai, et al. A high efficient adsorbent for plant growth regulators based on ionic liquid and β－cyclodextrin functionalized magnetic graphene oxide. *Talanta*, 2019, 194, 14－25.

27. 李蕾. 基于功能化石墨烯富集和检测水及大米中的汞形态［D］. 山东：山东农业大学，工程科技，2017.

28. Reyhaneh Nayebi, Ghazale Daneshvar Tarigh, Farzaneh Shemirani. Electrostatically in situ binding of zwitterionic glycine on the surface of MGO for determination of nitrite in various real samples. *Food Chemistry*, 2019, 276, 255－261.

29. Li Yu, Fei Ma, Liangxiao Zhang, et al. Determination of Aflatoxin B1 and B2 in Vegetable Oils Using Fe_3O_4/RGO Magnetic Solid Phase Extraction Coupled with High－Performance Liquid Chromatography Fluorescence with Post－Column

Photochemical Derivatization. *Toxins*, 2019, 11, 621-634.

30. Guangyang Liu, Lingyun Li, Yuhang Gao, et al. A beta-cyclodextrin-functionalized magnetic metal organic framework for efficient extraction and determination of prochloraz and triazole fungicides in vegetables samples. *Ecotoxicology and Environmental Safety*, 2019, 183, 109546.

31. Edvaldo Vasconcelos Soares Maciel, Karen Mejía-Carmona and Fernando Mauro Lanças. Evaluation of Two Fully Automated Setups for Mycotoxin Analysis Based on Online Extraction-Liquid Chromatography-Tandem Mass Spectrometry. *Molecules*, 2020, 25, 2756-2774.

32. 陈林吉. 氮掺杂的磁性石墨烯在环境水样分析中应用研究 [D]. 浙江:浙江工业大学, 2017.

33. Kim S., Park C. M., Jang M., Son A., Her N., Yu M., Snyder S., Kim D. H., Yoon Y. . Aqueous removal of inorganic and organic contaminants by graphene-based nanoadsorbents: A review. *Chemosphere.*, 2018, 212: 1104-1124.

34. Ali I., Basheer A. A., Mbianda X. Y., Burakov A., Galunin E., Burakova I., Mkrtchyan E., Tkachev A., Grachev V. . Graphene based adsorbents for remediation of noxious pollutants from wastewater. *Environ Int.*, 2019, 127: 160-180.

35. Li W., Liu W., Wang H., Lu W. . Preparation of Silica/Reduced Graphene Oxide NanosheetComposites for Removal of Organic Contaminants from Water. *J Nanosci Nanotechnol.*, 2016, 16 (6): 5734-9.

36. Croitoru A. M., Ficai A., Ficai D., Trusca R., Dolete G., Andronescu E., Turculet S. C. . Chitosan/Graphene Oxide Nanocomposite Membranes as Adsorbents with Applications in Water Purification. *Materials (Basel)*., 2020, 13 (7), 1687.

37. Chang Min Park, Young Mo Kim, Ki-Hyun Kim, Dengjun Wang, Chunming Su, Yeomin Yoon. Potential utility of graphene-nano spinel ferrites as adsorbent and photocatalyst for removing orangic/inorganic contaminants from aqueous solution: A mini review. *Chemosphere.*, 2019, 221: 392-402.

38. F. A. Numerical *et al.* Microwave sytheisis of magnetically separable ZnFe2O4-reduced graphene oxide for wastewater treatment. *Ceramics Internation*, 2014, 40, 7057-7065.

39. Xinjiang Hu, Weixuan Wang, Guangyu Xie, Hui Wang, Xiaofei Tan, Qi

Jin, Daixi Zhou, Yunlin Zhao. Ternary assembly of g-C_3N_4/graphene oxide sheets / $BiFeO_3$ heterojunction with enhanced photoreduction of Cr (Ⅵ) under visible-light irradiation. *Chemosphere*, 2019, 216, 733-741.

40. 杨彬, 周立宏, 马晓艳. 石墨烯在金属离子固相萃取中的应用进展 [J] . 广州化工, 2017, 2.